农作物重要病虫害防治技术丛书

大豆胞囊线虫病及其防治

段玉玺 陈立杰 编著

金盾出版社

内容提要

本书由沈阳农业大学段玉玺教授等编著。全书共分五章,前四章分别介绍了大豆胞囊线虫病的发生、分布和危害,生物学特征以及和寄主植物的相互关系;第五章则根据线虫的生活习性和危害特点,介绍了检疫、抗病育种、农业防治、生物防治和化学防治等主要防治方法。内容丰富、翔实,适合广大农户、农业技术人员以及农业院校相关专业师生阅读参考。

图书在版编目(CIP)数据

大豆胞囊线虫病及其防治/段玉玺,陈立杰编著.—北京:金盾出版社,2006.11
(农作物重要病虫害防治技术丛书)
ISBN 7-5082-4192-4

Ⅰ.大… Ⅱ.①段…②陈… Ⅲ.大豆-线虫感染-病虫害防治方法 Ⅳ.S435.651

中国版本图书馆 CIP 数据核字(2006)第 085705 号

金盾出版社出版、总发行
北京太平路 5 号(地铁万寿路站往南)
邮政编码:100036 电话:68214039 83219215
传真:68276683 网址:www.jdcbs.cn
封面印刷:北京印刷一厂
正文印刷:北京大天乐印刷有限公司
装订:科达装订厂
各地新华书店经销
开本:787×1092 1/32 印张:3.375 字数:73 千字
2006 年 11 月第 1 版第 1 次印刷
印数:1—11000 册 定价:4.50 元
(凡购买金盾出版社的图书,如有缺页、
倒页、脱页者,本社发行部负责调换)

前　言

大豆胞囊线虫病(*Heterodera glycines* Ichinohe 1952)是世界大豆生产上的重要病害,在我国分布广泛。该病害是大豆重、迎茬减产和大豆连作障碍的重要原因,如何有效地控制该病害的发生与危害,是广大农户密切关注的问题。

为响应国家提出的解决"三农"问题和建设社会主义新农村的号召,提高我国大豆单位面积产量,增加种植大豆的经济效益以及大豆生产对大豆胞囊线虫病防治技术的迫切需要,我们组织了精干的力量,将近年来国内外大豆胞囊线虫病研究的最新成果进行综合、整理,编写了这本密切联系生产实际、解决大豆胞囊线虫病防治问题的《大豆胞囊线虫病及其防治》一书。

本书系统地介绍了大豆胞囊线虫病的发生危害和防治技术,书后附有我国抗大豆胞囊线虫的主要抗源品种名单,可供从事大豆生产的种植户、农业技术推广人员以及农业院校相关专业师生和科研院所研究人员阅读参考。

参加本书编写的还有王媛媛、王惠、吴海燕、朱晓峰、马希斌、李永峰、李宝柱、颜秀娟、王雪、孙华和郑雅楠等同志,全书的最终统稿由王媛媛完成。

由于作者水平有限,书中有不当之处,敬请读者批评指正。

编著者
2006 年 9 月

目 录

第一章　大豆胞囊线虫病研究概况……………………(1)
　一、国外研究概况……………………………………(2)
　二、国内研究概况……………………………………(2)
第二章　大豆胞囊线虫病的发生、分布及危害………(4)
　一、病原及形态特征…………………………………(4)
　二、发生及分布………………………………………(6)
　三、主要危害症状……………………………………(7)
　　(一)地上部症状……………………………………(8)
　　(二)地下部症状……………………………………(9)
　四、大豆胞囊线虫对大豆的影响……………………(10)
　　(一)对大豆生长及产量的影响……………………(10)
　　(二)对大豆生理的影响……………………………(12)
第三章　大豆胞囊线虫的生物学特征…………………(14)
　一、发生世代…………………………………………(14)
　二、取食………………………………………………(15)
　　(一)取食过程………………………………………(15)
　　(二)取食部位………………………………………(17)
　三、繁殖………………………………………………(17)
　四、生活史……………………………………………(19)
第四章　大豆胞囊线虫与寄主植物的相互关系………(26)
　一、大豆对胞囊线虫的抗性遗传规律………………(26)
　　(一)通过有性杂交研究抗性遗传…………………(27)
　　(二)应用生物间遗传学原理研究抗性遗传………(28)

二、大豆的抗性机制……………………………………（31）
　（一）大豆根系分泌物对线虫卵孵化的影响………（31）
　（二）大豆的病理反应………………………………（32）
　（三）大豆抗病品种对大豆胞囊线虫发育的影响…（34）
　（四）大豆抗胞囊线虫的生化机制…………………（35）

第五章　大豆胞囊线虫的防治技术……………………（38）

一、检疫……………………………………………………（38）
二、抗病育种………………………………………………（38）
　（一）抗胞囊线虫品种的获得………………………（40）
　（二）大豆抗胞囊线虫育种…………………………（41）
三、农业防治………………………………………………（46）
　（一）轮作……………………………………………（46）
　（二）种植抗耐病品种………………………………（49）
　（三）种植诱捕植物…………………………………（50）
　（四）选用健康清洁的种植材料……………………（50）
　（五）施肥与漫灌……………………………………（51）
　（六）调节作物播种期………………………………（52）
　（七）进行土壤改良…………………………………（52）
　（八）注意田间卫生…………………………………（53）
　（九）土地休闲………………………………………（53）
四、生物防治………………………………………………（53）
　（一）大豆胞囊线虫的天敌类群……………………（55）
　（二）生物防治因素的利用途径……………………（65）
五、化学防治………………………………………………（66）
　（一）化学防治的优缺点……………………………（66）
　（二）杀线虫剂的处理及施用方式…………………（67）
　（三）杀胞囊线虫剂的作用机制……………………（68）

(四)影响施用杀胞囊线虫剂使用效果的因素 …… (70)
(五)杀胞囊线虫剂的种类和使用方法 ………… (73)
附录一　抗大豆胞囊线虫不同生理小种大豆品种目录
……………………………………………………(82)
附录二　常见杀线虫剂中英文名录 ……………(94)
参考文献 …………………………………………(96)

第一章　大豆胞囊线虫病研究概况

大豆起源于我国,有着悠久的栽培历史,早在三千多年前的商朝甲骨文中就有记载。从一些古农书的记载来看,我国在很早就具备比较完善的大豆栽培技术,并且对大豆的分布、性状的描述也比较详细和明确。公元前 235 年《吕氏春秋·审计》中指出,适时种植的大豆植株高、叶不黄、籽粒饱满、口感好且没有虫害,在古代就提出了大豆种植中的轮作和适时栽培,起到了防止大豆黄化和防治害虫的目的,而这些措施到目前仍用于大豆胞囊线虫病的防治。

大豆是我国的主要作物之一。秦以前主要在黄河流域种植,后来向长江流域扩展,进而逐渐遍布全国。世界各国种植的大豆是经我国传出的。我国大豆于 1740 年传入法国,1790 年传入英国,1840 年传入意大利,1870 年传入德国,原苏联于 1874 年始有试种大豆的报告。1873 年,世界万国博览会在奥地利首都维也纳举行,我国大豆产品参加展览,颇受赞赏。美洲各国从 1890 年起,才开始大豆的引种驯化和选育良种工作。1908 年巴西引进大豆,1919 年推广种植。美国从 20 世纪 20 年代开始推广种植大豆。目前,世界大豆主要生产国为美国、巴西、中国和阿根廷四国。

大豆胞囊线虫病,是世界大豆生产地区的重要病害之一,具有分布广、传播途径多和危害重的特点,经常给大豆生产造成严重损失。从世界范围来看,大豆胞囊线虫病的危害和蔓延有日趋加重的趋势,有关大豆胞囊线虫的研究也越来越受到各国的重视,并取得了一些进展。

一、国外研究概况

国外在大豆胞囊线虫防治技术方面研究较为深入的主要是美国。目前,美国主要采用的是以中国小黑豆为抗源的抗线虫育种方法。通过近50年的研究,利用10个左右的小黑豆材料,培育成了美国不同大豆产区适用的大豆抗线虫品种,为美国大豆生产创造了巨大的经济效益。美国线虫学家高登,于1971年提出了利用4个抗源材料的标准来鉴别寄主,对当时已知的大豆胞囊线虫进行了生理小种鉴定,明确了当时美国流行的生理小种主要是1号、2号、3号和4号生理小种。1981年美国的大豆胞囊线虫研究专家,对大豆胞囊线虫的生理小种进行了扩展,给出了全世界依据4个鉴别寄主可以鉴定出的16个生理小种。

二、国内研究概况

我国关于大豆胞囊线虫病的防治研究起步较晚,在20世纪80年代末期,沈阳农业大学的专家,开始对大豆胞囊线虫的生理分化及分布和化学防治技术进行研究,黑龙江省农业科学院的专家,开展了本省大豆胞囊线虫病研究,而后中国农业科学院品种资源研究所开始大规模的对我国的大豆品种资源进行多小种的抗性鉴定。

目前,我国大豆胞囊线虫发生的生理小种主要有1号、2号、3号、4号、5号、6号、7号、9号、12号和14号生理小种等10个生理小种类型。其中在东北地区分布最广、致病力最强的是3号生理小种;在黄淮海地区分布最广、致病力最强的是

4号生理小种。山东省的生理小种类型最复杂。

由于大豆胞囊线虫一般通过雌雄两性交配来繁殖后代，通常育成的抗大豆胞囊线虫病的抗病品种仅能抗1个或几个生理小种，这种大豆品种，很容易丧失抗性。这种抗性的变化给世界抗大豆胞囊线虫病育种工作者提出了新的难题。现在国外的科学家正在试图利用分子辅助抗病育种等分子生物学技术，加速抗大豆胞囊线虫病育种的进程，为大豆生产提供更多更好的抗病品种。

我国对于大豆胞囊线虫病的综合治理和防治技术已经开展了系统研究，取得了一些研究进展。特别是在抗病品种选育等方面已经育成了多个抗线虫品种，在生产中已经发挥了巨大的作用。

第二章 大豆胞囊线虫病的发生、分布及危害

一、病原及形态特征

大豆胞囊线虫（*Heterodera glycines* Ichinohe）俗称"火龙秧子"，是大豆生产中流行性、毁灭性病害之一。

大豆胞囊线虫 *Heterodera glycines* Ichinohe 属垫刃目（*Tylenchida*），垫刃亚目（*Tylenchina*），异皮科（*Heteroderidae* Filipjev & Schuurmans Stekhoven,1941），异皮属（*Heterodera*）。

大豆胞囊线虫是大豆上的重要病原线虫。1899年在我国首次发现，1952年日本人通过细致的观察，单独确定了大豆胞囊线虫（*Heterodera glycines*），但描述的形态特征和项目不完整。随着研究的不断深入，对大豆胞囊线虫有了更深的掌握，其形态特征如下。

胞囊：浅褐色至深褐色，梨形或柠檬形，有颈和突出的阴门锥；胞囊外表皮有锯齿状线条的皱纹，两侧具有双半膜孔；下桥发育好，在下桥上或附近有明显的长形泡状突。

雌虫：虫体膨胀，呈柠檬形，年幼雌虫初为白色，开始产卵后变为灰黄色，随着衰老和死亡而变为浅褐色。体表角质层具网状脊，被一层明显的亚晶层覆盖。口针纤细，基球向后突出。阴门和肛门位于阴门锥顶端，与颈部相对。在锥顶端有阴门裂，两侧半膜孔在阴门的背面和腹面。卵囊内可有近

200个卵。

雄虫:蠕虫形,尾短,尾端钝圆形。体表角质膜有环纹,侧区有4条侧线。头部突出,有4～5个唇环,侧器开口裂缝状。口针强大,基球由侧面向前突出。背食道腺开口,距口针基球的距离平均4微米左右,背食道腺体从腹面覆盖肠的前端。排泄孔位于食道腺体与肠交接处,半月体位于排泄孔后3～8个体环处。交合刺向腹面弯曲,分叉,有引带,易看到侧尾腺口(图1)。

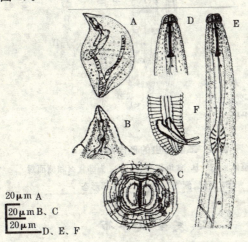

图1 大豆胞囊线虫雌虫、雄虫和胞囊

A. 成熟雌虫 B. 雌虫前部 C. 胞囊阴门锥 D. 雄虫头部
E. 雄虫前部 F. 雄虫尾部

二龄幼虫:虫体蠕虫形,角质膜上有环纹。侧区有4条侧线,在体前部和后部减少到3条。头部突出,有3～4个环,侧唇盘与亚中唇片愈合成哑铃形。口针强大,基球向前方突出。排泄孔在中食道球与食道腺体及肠交接处的中间。半月体占2个体环,1环在排泄孔前。生殖原基明显,距头顶的距离大约为体长的 60%。尾均匀渐细,尾端细圆。侧尾腺口不明显,位于肛门后,距肛门的距离大约为尾长的 1/4,尾部透明区长约为尾长的 1/2(图 2)。

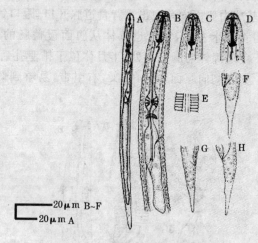

图 2 二龄幼虫的形态解剖图
A. 虫体整体形态 B. 食道部分 C、D. 头部背面和侧面观
E. 侧区、侧线 F、G、H. 尾部形态

二、发生及分布

俄国著名植物病理学家雅切夫斯基等(Jaczevski),1899 年在我国东北地区首次报道大豆胞囊线虫病害。1915 年日本报道发生大豆胞囊线虫病,并对大豆胞囊线虫进行正式描述和命名。而后朝鲜(1936)、美国(1954)、埃及(1968)、俄罗斯(1978)、哥伦比亚(1983)、印度尼西亚(1984)、加拿大、巴西、阿根廷、伊朗(1999)、意大利(2000)等国家相继报道该线虫的发生和危害,从世界范围来看,大豆胞囊线虫病害的危害

和蔓延有日趋加重的趋势,由大豆胞囊线虫病引起的损失比任何一种单一病害所造成的损失都大。现在,在我国特别是东北地区、西部地区以及黄、淮、海等大豆产区发生普遍,个别地区发生严重,一般造成产量损失在20%～30%,严重发生地块减产达70%～80%,并且每年出现许多大面积的绝产地块。该病害发生的特点是分布广、危害重、传播途径多,是一种极难防治的土传病害。

大豆是由中国陆续传到其他国家的。因此,有人推测大豆胞囊线虫最早发生在中国,后来传到其他国家的。1954年美国发现大豆胞囊线虫,到1989年已分布于美国29个州,主要分布在密西西比河流域的大豆产区。美国学者认为大豆胞囊线虫是从中国和日本传到美国,19世纪后半叶,美国人大量引进大豆品种资源,特别是同时引进根瘤细菌,随着土壤样品的引入,将大豆胞囊线虫同时带入美国。虽然美国发现大豆胞囊线虫较晚,但危害较严重,并且传播也较快。

到目前为止,我国发生的有:黑龙江、吉林、辽宁、内蒙古、北京、河北、山东、山西、河南、安徽、江苏、陕西、湖北、上海等地区(图3),其他是否发生未见报道。

在国外,发生大豆胞囊线虫的国家有:日本、韩国、朝鲜、美国、加拿大、哥伦比亚、印度尼西亚、俄罗斯、埃及等。有人认为在巴西和阿根廷也发现了大豆胞囊线虫。危害较重的是美国、日本和中国。

三、主要危害症状

大豆胞囊线虫病在大豆的整个生育期均可发生,它寄生于大豆根部直接危害。被线虫寄生后,植株矮小,叶片发黄;

根系不发达,须根上可见乳白色或黄色颗粒(胞囊)。发病严重地块大豆叶片大面积枯黄,似火烧状,因而又称"火龙秧子"。

图 3　大豆胞囊线虫在中国的分布
不同大豆胞囊线虫生理小种分布省份:1 号:辽宁、吉林、黑龙江、江苏、山东;2 号:山东、内蒙古;3 号:黑龙江、辽宁、吉林、内蒙古、江苏;4 号:山西、山东、河南、河北、江苏、安徽、内蒙古;5 号:吉林、安徽、内蒙古、山东;6 号:黑龙江、内蒙古;7 号:山东、河南、吉林;14 号:黑龙江

(一)地上部症状

苗期病害发生较轻或仅为发病初期,一般表现为叶片失绿、褪色、逐渐发黄,生长缓慢,病株明显较健株矮小。发生严重时,整株叶片黄化、逐渐干枯而死。因根系受损,不能充分吸收肥水,导致成片的植株茎叶变黄,叶片早期脱落,生长衰弱。受害轻时,大豆虽能开花,但结荚少或不结荚;严重时,大豆不开花,不结荚,植株矮缩、萎黄,以致停止生长发育而死

亡,田间出现大片缺株死苗(图4)。

图4 大豆胞囊线虫田间危害状
A. 感病品种 B. 抗病品种

(二)地下部症状

大豆胞囊线虫侵入根系初期,在根系表面出现小的褐色斑点,线虫在根内定殖后,致使主根和侧根发育不良,根系发育迟缓,侧根减少,须根增多,整个根系成发状须根。病根根瘤很少或不结瘤。如果线虫数量较多或雌虫成熟后虫体露出根表皮,易引起根变褐腐烂。由于侵入时携带其他病原物或雌虫突破根表皮,在伤口处感染其他病原物,使根系迅速腐烂,造成地上部分黄化枯死。检查根系时,在各级须根上着生白色至黄白色、体积小于小米粒的肉质小突起,直径大小约0.5毫米,此为胞囊线虫的雌成虫。

四、大豆胞囊线虫对大豆的影响

(一)对大豆生长及产量的影响

1. 对大豆造成机械损伤 大豆胞囊线虫侵染过程中,线虫刺破根的表皮细胞,造成伤口侵入。线虫在根内移动,破坏细胞组织,不断刺吸寄主汁液,给寄主造成养分和水分的损失。使线虫虫体特别是头部周围的根组织细胞加厚,部分皮层细胞增大。随着虫体逐渐增大,周围细胞被破坏,挤压在一起,严重时在虫体周围形成很大的空腔。雌虫突破根表皮露出根外,可形成相当于胞囊长约两倍的裂口,使水分和养分直接丧失。另外,大豆根系受伤部位还极易遭受其他病原菌感染而腐烂,大量根系变黑死亡。

2. 影响大豆的生长发育 大豆胞囊线虫侵入大豆的根系组织并在其中发育,形成合胞体,成为线虫吸收营养的中心(代谢库)。受大豆胞囊线虫侵染的大豆,生长发育受阻,生长迟缓。在不同数量的大豆胞囊线虫胁迫下,大豆的相对生长率、净同化率和群体生长率在不同的生育时期均随大豆胞囊线虫数量的增加而降低。线虫侵染后对大豆生长影响最大的是根瘤,根瘤数可减少 $4.36\%\sim67.8\%$。由于根瘤菌的明显减少,将直接影响大豆根系对氮素的吸收和植株的生长发育。因此,株高、茎粗、鲜重、复叶数、单株体积均明显低于健株,降低幅度一般随接种量的增加而增大。一般在初花期的生长受到的影响最明显。

有人发现从感染大豆胞囊线虫的大豆根部收获根瘤,每株的根瘤鲜重较低,而且以乙炔还原测定固氮酶的活性(每小时每克根瘤形成乙炔的微克分子数)较低。从大豆根瘤中提取的豆根瘤蛋白(Leghemaglobin,LB)用 Sephadexg-15 柱纯化,并用 DEAE-纤维素柱层析法分离出 4 种成分:Lba、Lbb、Lbc 和 Lbd,受线虫侵染植株中每克根瘤的豆根瘤蛋白各个组分含量比对照植株根瘤中的含量均低。

应用裂根技术证实了大豆胞囊线虫 1 号生理小种对大豆上的固氮根瘤的抑制作用。每株裂根植株的裂根部分均用固氮菌(*Rhizobium japonicum*)接种,同时对另一半根裂部分接种不同数量的大豆胞囊线虫卵。实验表明,固氮根瘤受到的系统抑制因大豆胞囊线虫的去除而恢复。同样,在未感染大豆胞囊线虫的根裂部分使用各种剂量的硝酸钾,并没有减轻感染线虫部分对固氮根瘤的抑制,但在一定氮素水平上植物的生长有较大改善。这些研究结果表明,大豆胞囊线虫对固氮根瘤的局部抑制是由多种因素造成的。

由于线虫侵染对大豆造成的机械性损伤,严重影响了大豆的生理机能,造成植株较矮,营养不良,叶片变黄,开花期延长,不开花或开花不结果或果荚小而少。发生早的,豆苗可大量枯死,缺苗断垄、严重减产。

3. 影响大豆的产量 抗感品种的产量依赖于大豆胞囊线虫的密度,在较低大豆胞囊线虫密度下抗病品种 Hartwig 的产量低于 Deltapine105,但在较高大豆胞囊线虫密度下 Hartwig 的产量高于 Deltapine105, Hartwig 与感病品种 Deltapine105 相比,对于抑制大豆胞囊线虫群体密度是有效的。

大豆胞囊线虫对大豆的危害性是很严重的。美国 1975 年记载,大豆胞囊线虫使美国 11 个州的 14 000 公顷大豆损失达 2 000 万美元;1987 年因大豆胞囊线虫损失大豆 2.2 亿吨,相当于4 900万美元。根据美国"大豆病害损失估计委员会"(Soybean Disease Loss Estimate Committee)的报告,从1974~1992年期间,大豆胞囊线虫一直是美国南部16个州危害最严重的病害。1991年和1992年美国南部各州所有大豆病害造成的产量损失分别为2.5%和3.08%,仍居所有病害之首。美国中北部地区由于大豆胞囊线虫病造成的损失每年可达2亿美元。我国主要的大豆产区黑龙江省的受害面积在68万公顷左右,一般减产20%~30%,在黑龙江省的西部地区很多感病品种减产50%以上,甚至绝收。

(二)对大豆生理的影响

1. 影响呼吸强度 采用"小篮子法"证明病株由于根系受伤,呼吸强度增大,同时温度对呼吸强度也有影响,在29℃时测定的呼吸强度比24℃时强,而且病、健植株之间呼吸强度的差异更为明显。

由线虫穿刺侵入造成大豆根系损伤,成虫外露造成裂口,根的呼吸强度显著增强,可能是由于以下原因:第一,根系中原氧化酶与底物在结构上是隔开的,机械损伤后破坏了原间隔,酚类化合物就有可能迅速被氧化;第二,根系组织细胞破坏后,底物与呼吸酶接触,使正常的酵解和氧化分解代谢加强,释放出二氧化碳和代谢水;第三,受线虫侵害后,使某些根系细胞变为分生状态,须根数量增加而且细长,形成愈伤组织修补伤处。这些生长旺盛的根细胞呼吸速度比正常细胞要快得多。因呼吸强度加强,消耗大量养分和水分,使植株生长发育受到影响,营养失调而减产。

2. 影响光合强度 大豆受大豆胞囊线虫侵染后,水分平衡失调,消耗大量营养物质,并且呼吸强度增加,而叶绿素形成受影响,使叶片内叶绿素减少,造成光合强度减弱,一般要降低20%左右,造成生长缓慢,植株矮小,叶片发黄,严重者枯死。

3. 影响植株根系活力 采用"α-苯胺法测定根活力",说明病株根系活力强。根对 α-苯胺的氧化力与其呼吸强度密切相关。α-苯胺的氧化是在过氧化氢酶的催化下进行的,过氧化氢酶的活力越强,对 α-苯胺的氧化力也愈强。大豆植株受大豆胞囊线虫侵染后,根系受到刺激而新增生许多须根,其活力比老根活力强;再者,受机械损伤的细胞中各种氧化酶与底物作用,使释放出的酶活性增强。病株的根活力增强,意味着其消耗的养料和水分增多,则植物生长发育所需的营养减少,表现出缺肥的一系列症状,叶脉之间颜色先变淡绿而后变黄;植株矮小,生长缓慢;开花迟,结荚少等。

4. 影响叶绿素和类胡萝卜素的含量 大豆胞囊线虫胁迫强度增加,使叶绿素 a、叶绿素 b 和叶绿素总量(a+b)均有不同程度的降低,而叶绿素(a/b 值)也随大豆胞囊线虫胁迫强度的增加而降低,导致光合作用受阻。

在大豆胞囊线虫的胁迫下,大豆植株内的类胡萝卜素的含量减少,且有随胁迫强度增加而减少的趋势。

第三章 大豆胞囊线虫的生物学特征

一、发生世代

在生长季节里,如果环境条件适宜,大豆胞囊线虫完成一个世代需要 25～35 天。由于线虫孵化时间不一,侵入有早晚,因此各龄虫态参差不齐,造成世代重叠。大豆胞囊线虫是喜温虫类,据观察,二、三龄幼虫发生的适宜温度是 19℃～26℃,适宜湿度是 60%～70%,幼虫发生速率与温度成正比,温度越高,发生越快,完成一个世代的有效积温为 332℃,一般春季所需天数约 40 天,夏季约需 25 天。据调查,大豆胞囊线虫完成一个世代在平均地温为 21.7℃时需 30 天,平均地温为 27.5℃时只需 20 天。根据二、三龄幼虫数量占幼虫总数百分率出现高峰的次数和胞囊数量占雌虫、胞囊总数百分率出现高峰的次数来计算发生世代。

吉林省中、北部地区一年发生 3 代,江苏省北部一年可发生 4 代,河南省夏播大豆一年可发生 4 代。安徽省淮北地区夏播大豆一年可发生 4 代,第一代 27 天、第二代 25 天、第三代 28 天、第四代 28 天左右。在黑龙江省完成一个世代的有效积温是 330℃～350℃,中、南部地区一年发生 3 代,即在自然条件下,一般从 5 月上旬播种后至 7 月上中旬完成第一代,历时 55 天;8 月上旬完成第二代,历时 19 天;9 月中旬即可完成第三代,历时 41 天。辽宁省大多数地区一年发生 4 代,营口地区一年发生 4 代,第一代最长、第四代次之、第三代最短。

河北省春播大豆甚至一年可发生6代。北京地区一年可发生5~6代。山西省运城、临汾地区春播大豆可发生5代,夏播大豆和其他地区均为4代:第一代约35天;第二代,历时24天;第三代,历时21天;第四代需28~29天。安徽省淮北地区夏播大豆上一年发生4代,在有寄主存在的情况下,一年可发生5代。这说明线虫能在一些极端不良环境下进入休眠状态,在这期间,线虫维持极低的代谢活动,或代谢活动呈可逆的停滞状态,这不仅避免了死亡,而且也推迟了衰老过程。一些研究表明,线虫的老化过程实质上从卵中就已经开始,贯穿整个生命过程,只有在休眠阶段才被中断。

二、取 食

所有植物线虫都是通过口针吸取细胞内含物,每种线虫各有自己的取食方法,对植物造成特有的伤害。

(一)取食过程

大豆胞囊线虫的取食过程包括寻找寄主、刺穿寄主细胞、食道腺分泌物质和吸取食物。

1. 寻找寄主 当大豆胞囊线虫接触寄主时,先要对寄主进行试探,在寄主表面来回活动。向着寄主旋转头部,用口针探刺寄主。随探刺次数增加,移动减少,最后仅在寄主表面移动。通常躯体弯曲与寄主表面成一角度,有利于口针刺穿寄生细胞。

大豆胞囊线虫取食部位是随机的,但更有可能寄主大豆的某些特殊刺激且决定其取食部位。许多植物线虫都有在根围聚集的习性,对取食的植物组织表现出不同程度的选择性,这可能是植物根部刺激的反应。试验证明,植物根部对线虫有吸引作用,尤其是根尖、根伸长区和根毛区具有较强的吸引作用,这种吸引作用常因植物生长期和线虫种类而异。一般情况下,感病寄主比抗病寄主吸引力强;在生长盛期的大豆比衰老期大豆的吸引力强。对于根吸引线虫的本质还有待深入了解。

2. 穿刺寄主细胞侵入寄主组织 胞囊线虫到达大豆根附近后,首先用虫体前端迅速地进行探索运动,通过唇区与寄主表面摩擦,可能因触觉或化学刺激而选择取食部位。线虫口针的穿刺运动一般较迅速,通常在 1 分钟内就可以穿透细胞壁,一旦细胞壁被穿透后,胞囊线虫穿刺的速度将减慢。

外寄生线虫口针穿刺后便开始取食,而内寄生线虫整个虫体都要进入植物组织,然后在植物组织内取食、生长和发育。大豆胞囊线虫的雄虫和雌虫的幼虫都是内寄生的,这类线虫在取食前有一侵入寄主的过程。侵入过程和虫体本身强壮程度有关。还与寄主植物抗病性的强弱有关系,有些线虫对抗病品种的侵入比感病品种要少。

3. 消 化 大豆胞囊线虫具有发达的食道腺,食道腺可产生大量分泌物,这种分泌物与食物的消化和诱导寄主细胞变化有关。这些分泌物含有各种类型的酶,如纤维素酶、果胶酶、淀粉酶等。

4. 吸 收 大豆胞囊线虫的口针腔很细,只能吸收液态食物,一些固态或半固态内含物,可能经体外消化后再被吸收。由于线虫本身具有很高的膨压,因此其食道腺结构具有这种吸吮的功能。大豆胞囊线虫的食道腔横切面呈三角放射状,随着食道壁肌肉有节奏地收缩与扩张,食物被吸进肠内。

(二)取食部位

大豆胞囊线虫的卵孵化出二龄幼虫,先寻找寄主根系,然后进入根内,在感病品种的根系维管束组织建立取食位点,在线虫背食道腺的分泌物的刺激作用下,在寄主根的取食点形成合胞体,合胞体是多核的大细胞,是由于临近细胞的胞壁溶解而形成统一的细胞壁,构成一个多核的大细胞。合胞体是线虫的代谢库,其营养物质丰富,原生质浓度高,有利于线虫的寄生和发育,线虫侵入后,只有形成合胞体才能建立寄生关系。在感染品种的根系内,合胞体可持续 20 天;在抗病品种的根系内则不能形成合胞体或者合胞体很快崩溃,从而抑制线虫发育。

三、繁　殖

线虫是低等生物,在进化上其总体结构虽比高等生物简单,但在长期的进化过程中也具备了自身专门的生殖系统,形成了特定的生殖器官。可以说,线虫的生殖系统非常发达,在个别线虫种类中,生殖系统占据了体腔的很大部分。

线虫的性细胞是指卵细胞和精子。卵细胞是由卵巢产生的。大多数线虫的卵细胞覆盖三层明显的膜:外层蛋白质膜,是子宫壁的分泌物;内层为几丁质膜或是真壳,是卵本身的分泌物;最内层为卵黄质膜,由卵细胞本身分泌而成,为极薄的膜,此膜内可能含有脂肪物质。卵的形状受线虫生活的场所影响而改变,一般为圆形、卵圆形或椭圆形。在植物寄生线虫中,卵的表面多为平滑的。精子是由精巢产生的,精巢能连续产生精母细胞,精母细胞沿着精巢向下移动,体积不断增大,然后经两次分裂形成 4 个精子。精子的直径只有几微米,形状近似椭圆形。

大豆胞囊线虫的性细胞包括雌虫的卵和雄虫的精子。雌虫卵巢的顶端是生殖区,经减数分裂后形成单倍体的卵母细胞,沿卵巢向前生长,逐渐成熟。雄虫精巢的顶端也是生殖区,经减数分裂形成单倍体的精原细胞,沿精巢向前生长。大豆胞囊线虫的染色体。2n=9,四倍体的个数 4n=18,还没有区分出性染色体。

大豆胞囊线虫是通过两性交配方式繁殖,雌虫成熟后由雄虫受精,受精卵在雌虫体内发育,逐渐成熟。成熟的卵可以部分排出体外,也可不排出体外而排在虫体末端外边的卵囊内。线虫的繁殖能力与卵巢长度与体长的比例有关。大豆胞囊线虫雌虫的卵巢长度与体长的比例大于 1,产卵量大,具很强的繁殖能力。每条雌虫可产卵 200～600 个,雌虫死亡后,即变为胞囊,胞囊抗逆性很强,是大豆胞囊线虫在土壤中越冬的主要形式。胞囊内的卵可长期存活,在没有任何寄主的土壤里可保持生活力 7～10 年。

线虫在生长发育过程中,性分化和种群中的性别比例,不仅受到遗传因素的控制,还受到环境条件的影响,特别是一些兼有两性生殖和孤雌生殖两种繁殖方式的线虫,像胞囊线虫属中的一些种,性分化和性别比例常随环境条件而变化。环境条件除影响线虫的性分化而使性别比例发生变化外,还可能影响雌、雄虫的死亡率而改变性别比例。如胞囊线虫的两性幼虫在侵入寄主时数量可能差不多,但在不良环境条件下,雌性幼虫常在中途死亡,而雄性幼虫可正常发育成熟,这就造成了雄虫多于雌虫。

影响线虫性分化和性别比例的环境因素有温度、湿度、土壤营养状况和理化性状等。这些环境因素可能直接影响线虫的性分化或性别比例的变化,也可能是间接的影响,即环境因素影响寄主植物的细胞学、生理生化过程,从而影响线虫的性分化和性别比例。所有环境因素对大多数植物线虫性别比例的影响都有一个共同的特点,即当环境条件不利于线虫时,往往出现雄虫比例上升的现象。

碱性土壤最适合线虫生活和繁殖,pH 小于 5 时,线虫几乎不能繁殖。通气良好的砂土和砂壤土及干旱瘠薄的土壤也适合线虫生长发育。

四、生活史

线虫的生活史是指线虫从卵开始到又产生卵的过程。

大豆胞囊线虫的雄虫和雌虫的幼虫都是内寄生的,并且在植物根部表面的一处固着寄生,二龄幼虫为侵染阶段,侵入到根内的维管束中柱取食,同时刺激取食点及其周围细胞,从而形成合胞体。二龄幼虫经过 3 次蜕皮,虫体不断膨大,最后发育为成虫。雄成虫为线形,进入土壤寻找雌成虫交配后死去。雌成虫定居原处继续取食为害,同时开始孕卵,虫体急剧膨大,最终撑破寄主根表皮露出,仅前端狭窄的颈部留在根内,初期呈白色或淡黄色,后进一步发育老熟,体壁加厚,形成暗褐色胞囊,胞囊脱落后在土中越冬,成为下季作物的侵染源。

大豆胞囊线虫以卵在胞囊内越冬。春季温度升高,胞囊里的卵在适宜的条件下开始孵化。

卵孵化的一般机制:寄主根渗出的孵化刺激物质诱使卵壳的渗透性发生变化,使得水和溶质能自由进出,同时(或者)

诱使卵内代谢活动增强,破坏类质层,使卵壳的柔软度增加发生形变,最后卵壳破裂,幼虫孵出。

卵壳的渗透性主要由类脂层控制,类脂层上结合的钙离子(Ca^{2+})与渗透性的变化密切相关。当寄主植物根的渗出物传送到线虫的卵壳上后,其中的孵化刺激物质取代类脂层上的 Ca^{2+} 或与其结合,从而改变了脂蛋白膜的结构,使卵壳由半渗透性变为全透性,水和溶质能够自由通过类脂层进出卵壳。类脂层的渗透性改变后,卵内一些孵化诱导酶开始分泌或活化。另外,卵壳的渗透性改变后,卵周围环境中的水和溶质进入卵内,卵内的压力增大,使卵膨胀,有利于幼虫口针对卵壳的穿刺,以及使口针最初穿刺所造成的裂缝扩大。寄主根的渗出物还可能通过影响卵内幼虫的代谢来促进孵化,有些线虫的卵也可能因受到非寄主植物根渗出物的刺激而孵化。研究发现,在非寄主植物蓖麻的根系渗出物的刺激下,大豆胞囊线虫卵能较快地孵化。另外,稗草根系分泌物也有促进大豆胞囊线虫卵孵化的作用,其根系分泌物诱孵数量大,诱孵过程也与大豆相似。高粱、玉米、棉花的根系分泌物有抑制大豆胞囊线虫孵化的作用。

线虫在生长发育过程中,角质层出现周期性脱落,称蜕皮。线虫的蜕皮与生长有关,但并不完全像节肢动物那样只是为了适应虫体的生长,而是为了更复杂的结构变化而产生并完善一些专化器官,如口针等。

线虫在蜕皮前夕,停止取食等活动,虫体内含物变稠密,老角质层与下皮层分离,在两者之间,下皮层又分化形成新角质层,然后老角质层被下皮层分泌的酶部分酶解,最后线虫恢复活动并蜕去残余的老角质层。

在蜕皮过程中,线虫体表的角质层以及角质层的内陷部分,如口腔、食道、阴门、泄殖腔、直肠、侧器、侧尾腺口等内衬部分都一同蜕去。另外,口针前部也随老角质层蜕去,在此之前,口针基球和基杆部溶解,蜕皮后形成新的口针。

蜕皮后成为二龄幼虫,冲破卵壳进入土壤(一般受寄主浸出液诱引的卵孵化较快)成为大豆胞囊线虫病的直接侵染源。出来的二龄幼虫先进入土壤中,并在土壤中活动,寻找寄主的根系。二龄幼虫在有水膜的情况下,呈"S"形在土壤中活动寻找寄主。在20℃～22℃条件下,5～12小时虫体可完全侵入幼根。一般都从靠近根尖处侵入,并在靠近根的中柱鞘位置固定下来,进而开始在根内取食,成长发育。大豆胞囊线虫通过背食道腺向寄主细胞不断分泌物质降解细胞壁,从而促使相邻细胞相互融合形成合胞体。合胞体是线虫的代谢库,只有形成合胞体线虫才能继续发育,如果线虫在根内不能诱发形成合胞体,那么侵入根内的幼虫如果食物储备不足便会饿死,如果有充足的食物储备,不久便会离开根组织再去寻找其他的寄主根系。

大量的事实证明,合胞体对线虫的生长发育至关重要。大豆胞囊线虫侵入根组织后,在感病品种中形成合胞体,而在抗病品种中环绕线虫头部的细胞坏死并分解死亡。据此推断抗病品种因不能为侵入的线虫提供养分,阻止了线虫的发育,这是抗病品种的抗病机制。在此之后,有人研究表明,在大豆胞囊线虫侵染的初期抗感品种都出现了合胞体,但是抗病品种的合胞体细胞质逐渐退化并坏死。在抗病品种 Peking 上发现了不规则的细胞壁加厚,并认为这是寄主对大豆胞囊线虫的抗病机制。通过比较抗感品种接种大豆胞囊线虫后细胞结构的变化,发现感病品种中合胞体是不断发育的,而且在后期细胞壁向内生长。而抗病品种中有一个坏死层环绕合胞体,把它与正常细胞分开,导致合胞体死亡,从而抑制线虫的发育。

在第四次蜕皮后,雌虫迅速膨大撑破根表皮露出,但头部仍在寄主根表皮内,以保持固着状态并继续取食(图5)。而雄虫变成一细长蠕虫,在第四次蜕皮后离开根到土壤中活动,寻找雌虫交配,然后死去。交配后的雌虫继续发育,但生殖器官退化,体内充满卵粒,并开始产卵,卵通常产在一个胶状物形成的"卵囊"或"卵块"内。有些种的卵不全产出,有些产卵数量相当于总卵数的一半。由卵囊内的卵孵化发育出的二龄幼虫(图7、图9、图10),很快侵入寄主根内,并蜕皮发育成各个龄期虫态(图11)。在

图5 附着于根表的大豆胞囊线虫

图6 褐化的大豆胞囊线虫的胞囊

雌虫生命结束时,整个躯体便变成一个胞囊,并逐渐褐化(图6、图8、图12),以此度过休眠期和不良环境。最长可达10年不死。

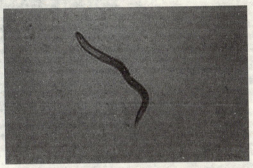

图7　大豆胞囊线虫的二龄幼虫

图8　脱落到土壤中的褐色胞囊

图 9 侵入大豆根部中柱鞘内的二龄幼虫

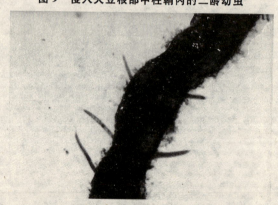

图 10 侵入侧根的二龄幼虫

图 11 大豆胞囊线虫二(A,B)、三(C,D)、四(E)龄幼虫

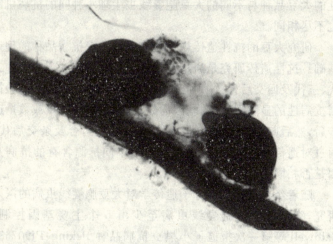

图 12 大豆胞囊线虫成熟后突破根组织

第四章 大豆胞囊线虫与寄主植物的相互关系

一、大豆对胞囊线虫的抗性遗传规律

植物抗病性是指植物避免、中止或阻滞病原物侵入与扩展、减轻发病和损失程度的一种特性,是在与病原物长期的协同进化中相互适应、相互选择的结果。在大豆胞囊线虫病害中,某个大豆品种对某个或某些大豆胞囊线虫生理小种是抗病的,而对其他大豆胞囊线虫生理小种是感病的,并且不同抗性的大豆品种与不同的大豆胞囊线虫生理小种间的抗病机制也不尽相同。

研究大豆的抗性遗传规律是有效地选育抗病品种的理论基础。抗性遗传研究是通过有计划地杂交、回交,观察杂种二代、三代及回交后代抗病和感病的分离比率,经适合性测验推断抗病性的显隐性,控制基因的数量,确定属于质量或数量遗传后,然后归结为简单规律,用以指导选配组合及杂交后代。通过对遗传规律的研究,还可以揭示不同抗源含有的抗病基因是否相同。

随着经典遗传学和分子遗传学对大豆胞囊线虫病的深入研究,确定大豆抗胞囊线虫病至少由 5 个主要基因控制。Caldwell 等第一次报道了小黑豆抗病品种 Peking、PI90763、PI84751 对美国北卡罗纳州的 1 号生理小种的抗病遗传研究结论,抗病性由 3 个独立的隐性基因(rhg1、rhg2、rhg3)控制。

随后 Matson 报道了 Peking 中控制抗病性的第四个基因 Rhg4(显性),Hartwig 等对美国弗吉尼亚地区 2 号小种研究报道 PI90763 比 Peking 多了一个抗病基因 Rhg5。

研究大豆对胞囊线虫的抗性遗传规律一般有两种方法,即有性杂交抗胞囊线虫的遗传实验方法和应用生物间遗传学原理研究抗大豆胞囊线虫的遗传规律方法。

(一)通过有性杂交研究抗性遗传

1. 实验材料

(1)大豆胞囊线虫 已知生理小种类型的大豆胞囊线虫严重发生的试验地块。

(2)大豆品种 供试品种包括待测品种,已知抗病基因的抗病亲本及普遍感染品种作为感病品种(通常采用 Lee68)。

2. 实验步骤

(1)配制杂交组合 通常配制抗病×感病的正反交杂交组合,如有已知抗病基因的品种,也要配制已知抗病基因的品种与供试品种的杂交组合。

(2)杂交圃的设置 小区垄长 2 米,每亲本种植两行,分期播种父本和母本,在花期去雄,进行授粉,做好标签,每组合至少做 20 朵花。

(3)秋季收获杂交所结的 F_0 种子分荚脱粒、保存

(4)翌年设置繁殖圃,繁殖 F_1 代 在生长季节根据株型、叶形及花色去掉伪杂交种子。每杂交组合两旁要种植父、母本各一行。期间要搞好田间管理,尽可能繁殖更多的种子。秋季收获种子,单株脱粒,去伪杂交种子。

(5)第三年进行鉴定(如果在南方繁殖加代,第二年可鉴定) 鉴定圃设在大豆胞囊线虫发生较重的地块,田间取样分

离胞囊,一般每250毫克土样含胞囊25个以上。小区垄长2米,每小区20垄,小区过道0.5米,两侧种植两垄保护行。每组合F_2种子单粒播种,株距为10厘米,播完为止,两侧种植亲本各一垄,依次播完为止。每三至四小区种一垄鉴别寄主。进行田间管理,要注意防治地下害虫以确保实验的准确性。

(6)记录 播种后30～35天挖根调查,记录每株根系上的白色雌虫数和胞囊数。

3. 遗传规律的分析 根据F_2代抗感分离比率,可以推算出抗病基因数量及显隐性关系。

(1)确定抗感级别

抗病:每株根系上的胞囊数为0～3个;

感病:每株根系上的胞囊数为4个或4个以上。

(2)采用卡方测验进行F_2代抗感比率的适合性测验

$$\chi_c^2 = \sum(|O-E|-1/2)/E$$

其中:χ_c^2为矫正卡方值;O为实际观察次数;E为理论观察次数。

(二)应用生物间遗传学原理研究抗性遗传

按照基因对基因学说,若病原物存在一个致病基因,那么在寄主方面就存在一个相对应的抗病基因,这是研究寄主和病原物相互作用的遗传学基础。下面介绍将中国的小黑豆抗病品种和国外已知抗病基因品种,接种尽可能多的大豆胞囊线虫生理小种,根据其相互作用,进行基因归类并推导抗病基因方法。

1. 材料与设备 采用尽可能多的大豆胞囊线虫生理小种,已知具有抗病基因的大豆品种:Pickett,Peking,PI88788,PI90763,及供试品种。

泥盆(直径为 9 厘米),培养皿,滤纸,60、200、500 目筛,可溶性复合肥。

2. 操作步骤

(1)浸泡大豆种子分别于培养皿内,黑豆种子换 1~2 次水,置于 25℃下发芽。

(2)当胚根长到 3~4 厘米时移栽到装有经热力消毒的砂壤土陶盆中,每盆一株。

(3)利用淘洗过筛法分离胞囊,制备卵悬浮液,并定量。每株按 4 000 个卵进行接种。

(4)每个品种接种所有供试生理小种作为一个处理,每个处理重复 10 次。

(5)接种后浇水,置于 25℃~30℃下进行培养,每天浇 2 次水,每周施一次可溶性复合肥。

(6)接种 30 天后,剪掉地上部分,扣盆调查,记录根上的白色雌虫或胞囊数。

(7)计算每个处理的胞囊指数(CI),再划分为抗、感两个级别,再转换成布尔代数的 0,1 符号系统。这里 0 表示非限定的(感病)品种,1 表示限定的(抗病)品种。

根据供试品种与已知抗病基因的品种对所有供试线虫生理小种的反应的异同,将供试品种所含的抗病基因进行归类,同时可以推导所含抗病基因。需要说明的是,运用这种研究方法有两前提条件:一是必须掌握尽可能多的线虫生理小种类型;二是必须有已知抗病基因的抗病品种作为对照品种。这种方法适用于在短时间内对大量品种材料进行抗病基因归类和推导,但不能完全代替常规的遗传测定方法。

近年来,利用不同抗源材料及遗传背景对大豆品种抗胞囊线虫不同生理小种进行了大量研究,在不同品种中找到了许多抗病基因。在 Peking×PI88788 组合中,控制 3 号小种的抗病基因为一个显性和一个隐性,利用生物间遗传学原理,可以不通过杂交推导抗病基因。研究结果表明,小粒黑豆与 Peking 的抗病基因相同,哈尔滨小黑豆含有与 PI90763 相同的抗病基因,小粒黑豆比 PI90763 多含一个抗 14 号小种的基因,磨石黑豆比 PI88788 缺少抗 4 号小种的基因,连毛会黑豆仅含抗 3 号小种的基因。对大豆胞囊线虫 3 号生理小种抗性遗传研究表明,小粒黑豆在铁丰 24 的背景下表现出有两对抗病基因,在开育 10 的背景下有 4 对抗病基因,磨石黑豆在铁丰 24 背景下有两对隐性抗病基因,铁丰 18×连毛会黑豆组合 F_2 代分离表现为三对基因的互补作用。对灰皮支黑豆和元钵黑豆的遗传表明,两个抗源对 4 号小种的抗性至少由 3 对隐性基因和 1~2 对显性基因控制。另外,有研究表明,灰皮支黑豆和应县小黑豆抗大豆胞囊线虫 4 号小种的同时,兼抗 1 号、3 号、5 号小种。在筛选抗病品种时发现,在含有"Hartwig"抗源的杂交后代中,F_2 中所有抗 2 号小种的均能抗 5 号小种,抗 5 号小种的植株有 64% 抗 2 号小种,所以在从含 Hartwig 抗源中筛选抗 2 号小种和 5 号小种时,只需要选抗 2 号小种即可。

  分子生物学技术使快速抗性鉴定和缩短育种进程成为可能。目前,分子标记技术已开始应用于育种实践,并表现出其独特的优越性。但由于分子标记育种技术目前尚不成熟,因此应注意将分子标记这一先进技术与常规选择相结合,使分子标记技术的辅助选择作用得到更大的发挥。利用分子标记辅助育种已提出多年,但在我国此项工作开展得较晚,有些方面还处于探索阶段。但我国拥有丰富的种质资源,可以借鉴国外成熟的经验和技术,筛选新的抗源,拓宽抗病基因选择范围,缩短育种年限,提高育种效率。

二、大豆的抗性机制

(一)大豆根系分泌物对线虫卵孵化的影响

大豆根系渗出物是影响大豆胞囊线虫卵孵化的重要因素之一。通常说来,寄主植物的根浸出液同非寄主植物根的浸出液相比,有刺激胞囊内卵孵化的作用。将大豆、稗草、棉花、玉米和高粱作为供试根分泌物的植物来研究,线虫卵孵化的幼虫数量不同,大豆和稗草根分泌物有促进孵化作用。大豆三次试验促进孵化率幅度在 $11\%\sim14\%$;高粱、玉米和棉花的根分泌物有抑制孵化的作用,抑制幅度在 $1.8\%\sim88.1\%$。有学者发现,大豆胞囊线虫在非寄主植物蓖麻的根渗出液的刺激下也能较快地促进卵的孵化。

用抗大豆胞囊线虫病的品种 Fayette 和对大豆胞囊线虫的感病品种 A2575、A3127、Williams82 为试材。经研究发现,感病品种的根浸液中,卵孵化率高于对照水的孵化率,而抗病品种 Fayette 根浸液中卵的孵化率远低于对照水中的。说明感病品种根浸液有刺激孵化的作用,而抗病品种 Fayette 根浸液有抑制孵化的作用。对大豆胞囊线虫 1 号小种和 3 号小种的研究表明,抗病品种比感病品种刺激胞囊后孵化的二龄幼虫数要少。感病品种 Lee 的根分泌物能很快地刺激卵的孵化,而抗病的 Peking 不能刺激胞囊线虫卵的孵化。另有研究报道了中国小黑豆抗源灰皮支黑豆和元钵黑豆及感病品种鲁豆 1 号的根渗出液对大豆胞囊线虫 4 号生理小种越冬胞囊、新鲜胞囊和离体卵孵化的影响。结果表明,抗病品种根渗出物诱导越冬胞囊孵化幼虫数目一开始就显著高于去离子水对照;孵化8天后显著低于感病对照鲁豆1号。根渗出物诱导新鲜胞囊孵化幼虫数和离体卵孵化在各材料间的差异表现一致,即抗源品种始终显著低于感病对照。但另有研究结果表明,抗病品种Bedford和Forrest的根浸出液比感病的Lee或Essex的浸出液诱导更多的卵孵化。

卵的孵化是一个复杂的生物过程,它受卵的发育生理期、植物的生长期、物候(日照、温度等)条件的影响。由于研究者所用的抗感品种和线虫的生理小种不同以及根浸出液的制备方法不同,所以结果出现差异。有学者认为在植物的根快速生长时期,植物产生的根浸出液刺激孵化的能力最强。分别从30日龄和初荚发育期的豆苗中提取根分泌物,实验表明可刺激孵化,而在两个时期之间和植物生长晚期所提取的根浸出液几乎不能刺激孵化。

(二)大豆的病理反应

大豆胞囊线虫在侵入寄主植物后,通过在寄主体内形成特化的取食位点而与寄主建立了密切的相互关系。由于取食位点细胞壁降解,使相邻的细胞融合,形成合胞体。大量的事实证明,合胞体有很高的代谢活性,对线虫的发育至关重要。受大豆胞囊线虫侵染的根系的核细胞受损伤,在感病品种中形成合胞体,进一步破坏维管组织;而在抗病品种Peking中环绕线虫头部的细胞坏死并分解。推测认为,大豆的抗病品种对大豆胞囊线虫的抗病机制是不能为侵入的线虫提供养分,使其不能正常发育。有研究结果表明,在胞囊线虫侵染的最初期,抗、感品种表现相似,都出现合胞体,5天后在光学显微镜下观察,抗病品种的合胞体有染色反应,表明细胞质退化并出现坏死反应。接种大豆胞囊线虫3号生理小种后,经比较抗、感品种的细胞结构变化发现,在感病品种中,线虫由侵入到成熟,合胞体是不断发育的,感染的早期阶段细胞核膨大,内质网增多,后期则形成内生长的细胞壁;而抗病品种的反应是环绕合胞体细胞形成一个坏死层,与正常的细胞分离,导致合胞体坏死,从而抑制线虫的发育。接种4天后对大豆根部进行超薄切片研究发现,感病品种中柱鞘内有较大的合胞体形成,抗病品种在鞘细胞处形成较小的合胞体,且染色较深,呈坏死反应特征;对接种后水培15天的大豆幼苗的根段染色,在光学显微镜下可以观察到抗病品种根内大豆胞囊线虫头部周围细胞有明显的坏死,而感病品种中很少观察到这一现象。对中国小黑豆抗源(抗大豆胞囊线虫4号生理小种)灰皮支和元钵黑豆及感病对照鲁豆1号根部形成的合胞体组织超微结构的研究结果表明,感病品种的合胞体细胞较大,靠近木质部导管一侧有内生长现象,各种细胞器丰富,内质网数量多,体形较长,多为光滑型;抗病品种合胞体细胞较小,核糖体较多,内质网小而少,多为粗糙型,细胞内出现较多的类脂肪体,在侵染早期,细胞质快速降解,有时发现细胞质膜与细胞壁发生分离。

寄主对侵染最常见的反应是:感病组织强烈生长,在寄生物周围形成坚实的木栓化层,机械隔离线虫。在抗大豆胞囊线虫的品种Peking上发现了加厚不规则的细胞壁,即寄主对胞囊线虫抗病机制的表现。

不同的灌溉管理也影响大豆胞囊线虫诱导植物组织产生合胞体。有研究报道,对感病品种Essex的3种不同的土壤水分灌溉管理进行比较,当植株生长在不同湿度条件的灭菌土中时,在中等干旱的土壤中,只在中柱鞘中发现合胞体,而在其他处理的土壤中,合胞体主要形成在皮层中,在中柱鞘中可偶尔发现。

(三)大豆抗病品种对大豆胞囊线虫发育的影响

大豆抑制大豆胞囊线虫的发育是大豆对大豆胞囊线虫的一种抗病性机制。在抗性大豆品种 Peking 上发现坏死细胞附近的雌线虫发育程度未能越过三龄,但雄虫可以达到四龄或成虫。在 Peking 根上的二龄幼虫发育同样受阻,偶尔可发现有发育成熟的雄虫,却几乎没有发育成熟的雌虫;而感病品种 Lee 上大多数线虫可以完全发育成熟。对大豆胞囊线虫的侵染和发育研究结果表明,在抗病和感病品种中,胞囊线虫对根的侵染能力差别不大,但在感病品种中,有 14% 的侵入幼虫发育成成熟的雌虫,而在抗病品种中则只有 1% 的线虫发育成成熟的雌虫。另外,大豆胞囊线虫 1 号生理小种侵染 13 天后,感病品种上雌虫体开始膨大呈长卵形,而抗病品种 Peking 上线虫仍处于蠕虫阶段。19 天后,PI88788 上雌虫已发育成熟、虫体膨大成梨形、末端已突破根表皮露出根外,而抗病品种 Peking 上有的雌虫虽已膨大呈长卵形,但仍在根组织内发育;在抗病的磨石黑豆中根线虫仍处于幼虫阶段,虫体没有膨大。对 7 号小种抗病和感病品种的研究结果表明,接种 15 天后,抗病品种 Pickett 和 Peking 的根部只有 11.51%～26.86% 的虫体发育到三龄以上,而感病品种 Lee 根部三龄以上虫态占 46.15%～68.73%。结果表明大豆对大豆胞囊线虫的抗病性与线虫的发育阶段有关,PI209332 主要影响三龄和四龄幼虫的发育,Pickett 主要影响二龄和三龄幼虫的发育。

利用上述方法,发现灰皮支黑豆和元钵黑豆主要抑制大豆胞囊线虫4号生理小种的发育,使其较多地停留在二、三龄阶段。灰皮支黑豆和元钵黑豆根上二龄、三龄、四龄、雌成虫和成虫总数所占百分数分别为 22.30%、26.50%、13.55%、3.80%、37.65% 和 24.30%、29.60%、15.05%、2.50%、31.15%;而感病对照鲁豆1号的百分数为 4.40%、10.20%、24.95%、29.35%、60.45%。抗、感品种根上线虫的性比(雄虫:雌虫)差异明显,抗病品种为10左右,而感病对照稍大于1;抗病品种根上线虫从二龄到三龄及三龄到四龄阶段都有较高的死亡率,而且从二龄到四龄阶段的死亡率高于从二龄到三龄阶段。

利用光学显微镜和电子显微镜对抗病品种抗不同小种的细胞学研究很多。对 P-89,P-Pic 线虫群体侵染抗病寄主的组织学进行了研究,结果发现,不同抗病和感病品种间形成的组织结构有明显不同,而且这几个抗病寄主的组织病理学反应也存在差异,这说明了不同抗病品种存在不同的抗性机制。

(四)大豆抗胞囊线虫的生化机制

在很多情况下,寄主植物对线虫的抗性与其向寄生线虫所提供的必需养分有关。在寄主植物与病原物的相互识别、相互作用过程中,寄主并不是被动地接受病原物的侵染,而是积极主动地产生一系列抗病反应,如产生防御酶系、酚类代谢以及合成植保素等。

1. 防御酶系的变化　研究表明,防御酶活性的变化与植物对线虫的抗性有关。用盆栽试验,接种卵和幼虫接种5、10、15天后抗病品种根部的苯丙氨酸裂解活性的增加程度、SOD 酶活性的增加程度都大于感病品种,而接种10天后 POD 酶活性的增加程度却低于感病品种。关于 POD 酶谱与抗胞囊线虫的关系,聚丙烯酰胺凝胶电泳分析揭示出抗病品种的第五条酶带较厚而感病品种则较薄。抗性品种过氧化物酶(POD)和超氧化物歧化酶(SOD)的活性增加远比感病品种的低,这表明呼吸酶的差异可作为抗线虫品种选择的一个因子。作者研究发现经大豆胞囊线虫侵染后,大豆植株体内防御酶系(包括 PAL、TAL、POD、PPO、CAT、SOD)均有不同程度的变化,主要表现在抗病品种酶活性高于感病品种;几丁质酶和同工酶在大豆抗胞囊线虫中起着重要作用。

2. 植保素的合成 研究发现,许多植保素与植物对病原真菌及细菌的抗性有关,但对植保素与植物抗线虫方面的研究较少。但已有研究表明,大豆根内产生和积累的大豆素与大豆对大豆胞囊线虫的抗性有关,胞囊线虫1号小种接种8小时后采用放射免疫技术对线虫头部邻近位点的大豆素Ⅰ进行测定,结果在抗病品种 Centennial 中发现有大豆素Ⅰ产生,而感病品种 Ransom 中没有发现,这表明大豆素Ⅰ是抗病品种对胞囊线虫感染的一个早期反应。采用 HPLC 和放免测定对大豆素Ⅰ在抗、感品种中的含量和分布做了进一步研究,接种后立即测定大豆素Ⅰ的含量,无论抗病品种还是感病品种都没有发现有大豆素产生,但随后在抗病品种中以较大数量稳定增长,而感病品种中积累量很少。在抗病品种中侵染8小时后可检测到大豆素Ⅰ,24小时后含量达到0.3微摩尔/毫升。大豆素Ⅰ是作为抗性品种对抗线虫侵染迅速产生的抗性物质,可能是大豆抗胞囊线虫的机制之一。

3. 酚类化合物的积累 酚类化合物及其氧化产物不但是植物细胞结构和功能上十分重要的有机物,而且在植物直接防御外来因素攻击方面起着重要作用,是一类与植物对病害做出反应密切相关的因子。

有研究报道，将从抗马铃薯金线虫的马铃薯根中提取的酚类物质导入到感病品种，结果使其由感病反应变为抗病反应，同时将从感病的马铃薯根中提取的酚类物质导入抗病品种，结果是抗病反应向感病反应转变。酚类化合物在植物抗病中的作用，一是表现为对病原物的毒害作用；二是以植保素的形式对植物起保护作用。另外，酚类化合物的积累也是亚丁生物合成的必需步骤，其作用主要以游离酚的形式完成，受细菌、真菌、病毒侵染后，抗病品种组织内游离酚含量能明显增加。

大豆异黄酮是大豆植株产生的一类次生代谢产物，能抑制病原微生物的生长，诱导大豆结瘤。有研究结果表明，无论是抗病品种 Hartwig 还是感病品种 Essex，大豆胞囊线虫侵染后 2～3 天，异黄酮的浓度均比健康植株高 2～4 倍。另外，大豆胞囊线虫的侵染使感病品种 Essex 根瘤数量增加，但减轻了植株重量，降低了根瘤固氮酶的活性，而对抗病品种 Hartwig 的影响不大。

绿原酸在保护植物感染方面起着重要作用，该化合物的原始活性不是自然存在于组织中，而是由于病原物的存在引起的反应而形成。绿原酸是参加过敏组织坏死最主要的底物之一，本身及其氧化产物的积累与组织变褐有关。绿原酸含量的增加，是促使抗病品种根部幼虫周围组织坏死的生化物质基础，这表明受大豆胞囊线虫侵染后，游离酚含量较快增加是大豆抗大豆胞囊线虫的一种反应，线虫胁迫诱导产生较多的游离酚是大豆抗胞囊线虫的一种机制。抗病和感病材料在大豆胞囊线虫 3 号生理小种的侵染下，根部总酚含量都增加；而类黄酮含量变化与之相反，在受到侵染时抗病材料类黄酮含量增加，而感病材料下降。二者均可以作为抗大豆胞囊线虫的生化指标。

第五章 大豆胞囊线虫的防治技术

一、检 疫

大豆胞囊线虫的胞囊可随夹杂于种子中的土壤或病残体而进行远距离传播,为了防止扩大蔓延,各地在调运种子过程中特别是从病区调种,应当进行检疫检验,以杜绝线虫胞囊随种子、土壤等传入无病区。

由于胞囊内的大豆胞囊线虫在土壤中可存活多年,土壤消毒剂效果虽好,但药价贵,药源短缺,目前我国栽培品种中尚无经济性状良好的高抗品种,所以在防治上首先应注意防止虫源传入无病区或轻病区,在病区则应争取以合理轮作和加强栽培管理为主,辅之以药剂防治的综合防治措施,控制此病的发生危害。

二、抗病育种

应用抗病品种或耐病品种是一项具有高效、经济和无公害的防治措施,也是防治线虫病害的有效措施。利用抗性植物可以使种植者,在不增加或少增加生产费用的情况下,达到防病增产的目的。这一措施对防治大豆的大豆胞囊线虫病害有特别意义。美国大豆产区已经普遍推广使用抗病品种。我国黑龙江省安达市等西部地区,由于大豆胞囊线虫的严重危害,大豆产量极低,现在推广抗线 1 号和 2 号品种几十万公顷,产量较高,控制了大豆胞囊线虫的危害。关于抗病育种问题,国内外都在大豆胞囊线虫的育种方面取得了成功。

进行抗大豆胞囊线虫品种的选育,是防治大豆胞囊线虫的有效途径,既实际又经济实用。由于寄主的抗病基因都是针对病原线虫(靶标线虫)的,对腐生或其他有益线虫及其他微生物并无伤害,对环境无污染,这是最符合可持续发展战略的根本措施。选育一个抗病品种的投资与品种推广6年的经济收益的比例为1:400,可见选育和推广抗病品种的重要意义。

种植抗大豆胞囊线虫的大豆品种不但能避免大豆胞囊线虫造成的严重损失,还可大大减少土壤内大豆胞囊线虫的密度,缩短轮作年限。由于大豆胞囊线虫对大豆的危害性极大,又缺乏有效的防治措施,因此国内外对抗大豆胞囊线虫的育种都很重视。美国利用从我国引入的抗源 Peking,于1967年育成并推广了第一个抗病品种 Pickett,接着又选育成并推广了 Dyer,Custer,Pickett71,Mack,Forrest 和 Centennial 等抗大豆胞囊线虫1号、3号生理小种的黄色大豆品种。1978年推广以 Peking 和 PI8878 作为抗源育成的抗1号、3号生理小种的优良黄色大豆品种 Bedford,还兼抗根结线虫、肾形线虫和大豆疫霉、大豆根腐病。日本1956年从美国引进 Peking 和 PI84751 育成东山93,利用本国的品种下田不知育成铃姬,1966~1980年又育成丰铃、盛同白目、奥白目、十系421、轻来田町,同时又利用辐射诱变育种法育成雷电和雷光等抗病品种。

我国是大豆的发源地,大豆品种资源极其丰富,这为培育抗胞囊线虫的优良大豆品种创造了有利条件。我国许多科研教学单位对大豆品种资源抗大豆胞囊线虫的鉴定和筛选做了大量研究,从研究结果来看,对大豆胞囊线虫抗性表现最强的主要是黑豆,而且大多数都是中国的小黑豆,褐色种皮大豆次之,而野生或半野生大豆及黄豆大多不抗病。

(一)抗胞囊线虫品种的获得

1. 鉴定线虫种和生理小种 因为线虫的不同种或小种有不同的致病力,制定抗线虫育种规划时,首先要尽可能明确必须对付的标靶线虫种或生理小种。线虫生理小种的鉴定通常利用鉴别寄主,不同小种在同种植物或同一套鉴别寄主上可以产生不同症状。这样就能明确描述作物品种对来自不同地区或存在种间差异的各线虫群体的抗性。

2. 采用诱发病害技术 为了描述抗病性,必须创造有利于发病的环境条件,使植物对线虫的侵染能充分表达。这种环境条件可以利用实验技术或温室技术创造,田间的初步试验要采用随机的和统计学设计小区试验。

3. 确定植物抗性分级指标 为了评定抗性,需要设计正确的分级指标,以便将植物抗性划分为免疫、耐病、抗病和感病四个级别。

4. 筛选优良的抗源 制定抗线虫植物的育种规划,对植物的不同品种或亲缘关系密切的种要深入研究,然后通过抗性测定,获得优良的抗性材料。

5. 配制杂交组合 通过抗病杂交育种程序,将具有潜在利用价值的植物材料进行杂交或回交,直到获得理想的适合在生产上推广的优质抗线虫品种。

6. 抗病品种试验和示范 新品种推广前要进行区域性试验和示范种植,根据在不同地点的抗性表现,分析环境条件对抗病性的影响。

(二)大豆抗胞囊线虫育种

1. 抗源筛选 20世纪70年代中期我国开始对大豆胞囊线虫的抗源筛选进行研究,一些专家学者都对收集到的种质资源进行了大豆胞囊线虫抗源筛选,鉴定出一批免疫和高抗的资源。由于当时鉴定标准不统一,有的未按小种进行鉴定。

1985年中国农业科学院品种资源所组织了全国大豆种质抗大豆胞囊线虫鉴定协作组,于1986~1990年对全国1万余份大豆种质按统一的鉴定方法和分级标准,分别在1号、3号、4号、5号大豆胞囊线虫生理小种地区,进行了抗性鉴定筛选,并对鉴定结果分别进行报道。1993年协作组对全国的鉴定结果做了总结。经过多年多点鉴定共筛选抗1号生理小种的品种有128份,其中免疫的16份,全部为黑豆;抗1号小种的品种112份,其中黑豆占77份;抗3号生理小种的288份,免疫的30份,黑豆26份;抗3号小种的258份,黑豆225份;抗4号小种的11份,黑豆9份,无免疫品种;抗5号生理小种的9份,全为黑豆。

以上筛选出的抗源中,五寨黑豆和灰皮支黑豆兼抗1号、3号、4号、5号生理小种;褐豆抗1号小种的10份;对3号小种免疫的3份,抗性18份。对4号小种抗性2份。这是由于抗大豆胞囊线虫的基因之一Rhg4与控制深色种皮基因i紧密连锁。i基因存在,可使黑色或褐色遍及全种皮而成黑豆或褐豆,所以,抗大豆胞囊线虫的品种绝大多数为黑豆或褐豆。"八五"期间,李莹等对95份兼抗资源进行抗4号小种的稳定性鉴定,结果表明,"七五"期间鉴定的高抗种质五寨黑豆、赤不流黑豆、山阴大黑豆、灰皮支黑豆、大黑豆(全国编号8510)、本地黑豆和元钵黑豆抗性稳定。此外,还发现串山黄黑豆、黑豆(全国编号 10253)和三股条黑豆高抗 4 号小种。同样,1992～1995 年马书君等对 40 份大豆胞囊线虫 3 号小种抗性资源持久抗性鉴定研究,结果得到免疫的 11 份,抗病的 29 份。这些抗源材料经过田间病圃重复鉴定,异地交叉鉴定和人工定量接种鉴定,表现抗性持久稳定,可供抗病育种应用。

这些抗大豆胞囊线虫大豆种质资源来源存在着明显的区域性差异,抗源种质主要来源于山西、河北和陕西省,其次是山东地区。这些地方土地贫瘠,干旱少雨,小黑豆为当地长期栽培的地方品种,具有对不良条件的适应性。同时,这里又是大豆胞囊线虫 4 号生理小种疫区,大豆品种在很强的选择压力下,经过长期的自然选择和人工选择,将具有抗大豆胞囊线虫 4 号生理小种的种质保留下来。据各病区对大豆胞囊线虫生理小种的鉴别结果,我国大豆胞囊线虫优势生理小种分布是:东北地区为大豆胞囊线虫 3 号和 1 号小种的疫区,黑龙江、吉林省以 3 号小种为主;辽宁省以 1 号小种为主;黄、淮、海地区以 4 号小种为主;山东省的小种较为复杂,有 1 号、2 号、4 号、5 号和 7 号小种;安徽省北部有 4 号和 5 号小种。

2. 抗大豆胞囊线虫育种 我国的抗病育种工作开展较晚,于 20 世纪 80 年代才开始卓有成效的抗病育种工作。李云辉等利用从美国引进的品种 Franklin 做抗源,以丰收 12×Franklin 杂交,1992 年育成抗线 1 号;1982 年以嫩丰 9 号为母本,(嫩丰 10×Franklin)F_2 为父本杂交,1995 年育成抗线虫 2 号。它们均高抗大豆胞囊线虫 3 号生理小种。

(1)国内育种概况 近十几年来,各地在筛选出的抗源基础上,进行了抗大豆胞囊线虫育种,至 90 年代初已相继育成了抗当地生理小种的品种或品系。抗大豆胞囊线虫基因存在于小黑豆中,而小黑豆多具有许多不良性状,通过一次有性杂交很难打破抗大豆胞囊线虫基因与黑色种皮基因间的连锁。东北农业大学采用性状逐步积累法,进行抗大豆胞囊线虫高产转育。利用哈尔滨小黑豆抗源育成黄种皮的抗病品系84-783、84-793和84-819,其抗性达到了小黑豆水平。黑龙江省大庆市农科所1984年以晋豆3号为母本,庆5117×庆83219为父本进行杂交,1994年育成抗大豆胞囊线虫3号小种的庆丰1号,黄粒,百粒重18~20克,现已在黑龙江和吉林省的线虫发生区大面积推广,累积面积达8.7万公顷。黑龙江省农业科学院嫩江农科所1984年以美国抗大豆胞囊线虫品种CN210为母本,黑河3号为父本进行杂交,1994年育成高抗大豆胞囊线虫3号小种的大豆品种嫩丰15号,黄种皮,百粒重18~20克。吉林省农业科学院大豆所,自1985年开展了抗大豆胞囊线虫育种,已育成的吉林23、吉林32、吉林37三个抗大豆胞囊线虫品种,在生产上已大面积推广。吉林22号是当前大面积推广品种中耐病性较好的品种,累积推广面积达20万公顷。2004年沈阳农业大学利用辽豆10与美国的PI437654杂交和以辽豆10与小粒黑豆杂交育成了抗大豆胞囊线虫3号生理小种的沈农101和沈农103两个黄色种皮的品种。

1988年以来,山西省农业科学院为了改变抗源亲本的小粒(百粒重10克)、晚熟、黑种皮、蔓生等不良性状,通过人工杂交,将抗源亲本与推广的优良品种晋豆11、晋豆3号、吉林3号等杂交,育出1259~1267等9个高抗大豆胞囊线虫4号小种的新品系,其中1259、1260、1264、1266等4个品系经鉴定,对1、3号小种免疫或高抗。这些品系在农艺性状上较小黑豆抗源大大改进,成熟期有特早熟至晚熟4种类型,百粒重为 18～20 克,在病区种植,比一般推广品种增产 20%～30%。山东省农业科学院采用配制足够数量的组合,在早期世代筛选出遗传变异大、综合性状优良的组合,适当扩大后代群体,以增加优良性状的变异几率。他们通过一次有性杂交已成功的选育出抗大豆胞囊线虫黄豆新品种及品系。1995 年审定推广的齐黄 25 号品种,黄种皮,百粒重 13 克,抗大豆胞囊线虫 1 号、3 号、5 号小种,兼抗大豆花叶病毒。该品种在病区试种,增产效果显著,比高产不抗线虫品种成倍增产,在无病地区种植也比高产品种增产 10% 以上。1995 年还推广了齐茶豆 1 号,此品种高抗大豆胞囊线虫 1 号和 3 号小种,兼抗病毒病,褐色粒,百粒重 15 克,具有高产潜力。齐黑豆 2 号,抗大豆胞囊线虫 1 号、3 号、5 号小种,早熟、高产、稳产,抗逆性强,种皮黑色,百粒重 13 克。安徽省农业科学院利用科系 8 号×徐豆 1 号杂交,在重病区选择压力下,育成适合当地种植的大豆品种皖豆 16 号,1996 年经安徽省审定推广。该品种黄种皮、大粒、高抗大豆胞囊线虫 2 号、3 号、5 号生理小种;高耐 1 号、4 号小种,在病区增产 20%～50%,已在安徽省淮北地区大豆胞囊线虫病区累积推广 4.5 万公顷。

国内现在采用较多的大豆抗胞囊线虫品种有内豆 4 号、早熟大粒黄、呼丰 5 号、东农 41、呼交 392、呼交 9110、黑河七、北丰 7、北丰 5、北丰 15、蒙豆 5 号、呼丰 6、北丰九号、大粒黄、呼交 9456、呼交 9428、北丰 13、绥农 11、抗线 1 号、抗线 2 号、抗线 3 号、抗线 4 号、嫩丰 14、嫩丰 15、庆丰 1 号、兴 98-5034、兴 97-5016、兴 96-5066、合 1225、合 1235、辽豆 13、沈农 101 和沈农 103 等。

(2)国外育种概况　美国 1966 年育成第一个抗病品种 Pickett,随后又育成 Custer 和 Dyer。它们都抗 1 号和 3 号生理小种,但在无病条件下产量不如当地最好的感病品种,而以它们为亲本育成的下一轮品种既有抗病性,产量表现也很好。例如,以 Custer 为亲本育成的 Franklin,CN210,CN290 等,以 Dyer 为亲本育成的 Forrest,Padre,TN585 等,以 Pickett 为亲本育成的 Centennial,Pickett71,Sharkey,Thomas 等。以上品种的抗病基因均来自 Peking。利用 PI88788 为抗源育成第一个抗 14 号生理小种的品种 Bedford；用 PI88788 与 Williams 杂交育成品系 L77-994,以 L77-994 为抗病亲本也育成一系列抗 14 号生理小种的品种。以 PI90763 为抗源育成了仅有的抗 5 号生理小种的两个品种 Cordell 和 NK561-89。Anarel 新近育成的品种 Hartwig 抗目前发现的所有大豆胞囊线虫生理小种,抗源来自 PI437654 和 Peking,高产优质,并兼抗其他病害。对美国各地育成品种的大豆胞囊线虫抗性鉴定结果表明,美国已育成一批适应不同成熟期组(I-X),抗不同生理小种(1,2,3,4,5,6,9,14 号)的品种。

日本利用黄色种皮的比较抗病的地方品种下田不知已先后育成了几个比较抗病的品种,后来从美国引进小黑豆抗源又育成抗性较好的铃姬品种。Epps 等(1981)的研究结果表明,种植抗病品种明显优于使用杀线虫剂。抗大豆胞囊线虫 4 号生理小种 Bedford 的三年平均产量比不用杀线虫剂处理的抗病品种 Forrest 的三年平均产量高 44%,而比用杀线虫剂处理的 Forrest 的平均产量高 33%。

3. 利用抗病品种存在的问题 国内外在大豆胞囊线虫抗病品种选育工作中还存在一个弱点,即抗源比较单一。国外仅是 Peking、PI88788 和 PI90763 等三个抗源品种,国内的抗线 1 号和 2 号,其亲本 Franklin 的血缘也是 Peking 小黑豆。这样育出的抗病品种大面积推广后很容易使田间的大豆胞囊线虫生理小种群体产生选择作用,产生新的生理小种,使抗病品种丧失抗性。

在黑龙江省的大庆地区由于连年种植抗线系列抗线虫品种,在田间的大豆胞囊线虫3号生理小种群体已经改变成毒力更强的生理小种,使抗线系列抗线虫品种的抗性丧失。

三、农业防治

(一)轮 作

轮作是采用寄主植物与非寄主植物隔年或隔几年种植,以便种植感病性的主要农作物,把线虫种群密度压低到其可以忍受的水平。各种形式的轮作,至今仍然是预防和减轻植物线虫危害的重要方法。在历史上,轮作被用来解决土壤肥力和结构、水分供应、杂草和病虫防治等问题,在现代农业上的重要作用,则在于防止土传病原物的种群发展,降低其导致危害的种群数量。

植物寄主线虫种群密度常常受到各种栽培作物的影响。感病植物的连年种植,会使线虫的虫口密度增大,进行轮作就可以降低种群密度,减轻危害。大豆与禾本科作物和棉花等非寄主作物轮作,是农业生产中防治大豆胞囊线虫病行之有效的农业措施之一,轮作年限越长,防治大豆胞囊线虫的效果越好。特别是在发病重的地区建立以防治大豆胞囊线虫病为主的粮豆、棉豆或粮棉豆均衡增产的轮作制度尤为重要。在大豆胞囊线虫发生严重的东北大豆区及黄淮大豆区,采用大豆与玉米、谷子、小麦等轮作3~5年,不仅可以直接减少土壤中大豆胞囊线虫的种群数量,同时可以改善土壤微生物群落构成,使大豆胞囊线虫天敌微生物的数量和种类增加。

在任何轮作计划中,感病作物品种种植所需间隔时间的长短,根据致病线虫种类和地区性气候类型为基础而确定。目前,各主要病区普遍推广3~5年的轮作,有条件地区实行水旱轮作,防治效果更好,病情严重地块可实行大豆与蓖麻轮作,也可有效地防治大豆胞囊线虫。轮作1年,第一代大豆胞囊线虫减少97.5%,第二代可减少98.9%,发病率减少94.7%,增产近4倍。

1. 在制定轮作方案时要考虑的几个因素

(1)病原线虫的种、生理小种,寄主范围。

(2)病原线虫的繁殖能力、在土壤中的存活能力或存活时间。

(3)病原线虫的致病性变化。

(4)土壤中病原线虫的群落结构。

(5)轮作作物的抗病性和经济价值。

(6)轮作作物与土壤的适合度。

以上第一个因素主要作为选择轮作的参考依据;第二因素作为确定有效的轮作年限的依据;第三和第四因素是防止轮作作物变为感病作物;第五和第六因素是确保轮作有较高的经济效益。

轮作一般采用4~5年的轮作制,轮作应种植大豆胞囊线虫不能寄生的禾本科作物,如大麦、小麦、燕麦等。以山西省当地大豆农家品种重茬为对照,轮作年限分别为3年、4年和5年3个处理。结果表明,轮作使土壤中的胞囊有减退趋势,但并无规律可循。连作土壤中大豆胞囊线虫种群数量减少,认为是土壤中食线虫真菌的作用,同时也证明土壤状况与大豆胞囊线虫的衰退有一定关系。在研究不同轮作方式对大豆胞囊线虫及大豆固氮能力的影响时,发现每百克干土中胞囊数的顺序为:重茬>迎茬>正茬。说明连作会增加大豆胞囊线虫的群体量。

在内蒙古自治区呼伦贝尔盟大豆胞囊线虫病发生危害与综合防治技术中研究表明:加强大豆播种面积的宏观调控,增加玉米、小麦、谷子、马铃薯和甜菜的种植面积,逐年达到合理的年轮作制,这是控制大豆胞囊线虫病的根本性措施。经调查大豆胞囊线虫在该地只侵害大豆、绿豆、菜豆、豌豆、饭豆等作物。较好的轮作方式有玉米-马铃薯-大豆;白瓜籽-玉米-大豆;甜菜-玉米-大豆,甜菜-谷子-大豆;马铃薯-大豆-麦类;向日葵-玉米-大豆-马铃薯。其建议在目前其他农产品销售不畅条件下,可采用以下轮作方式:玉米-抗病大豆品种-感病大豆品种;马铃薯-抗病大豆品种-甜菜(白瓜籽)-感病大豆品种;玉米-抗病大豆品种-感病大豆品种-抗病大豆品种。大豆连作条件下应选用抗病、感病品种轮换种,控制新的生理小种的产生,减轻病害发生。

国外所采用的一些轮作方法有 Sateve koenning 提出的两种轮作方法(见表1、表2)。

表1　利用大豆抗性品种进行轮作防治大豆胞囊线虫的方法

第一年	第二年	第三年	第四年	第五年
最佳方法 非寄主植物	抗病品种	非寄主植物	感病品种	循环
可选方法 非寄主植物	抗病品种	感病品种	循环	

表 2　不利用大豆抗性品种进行轮作防治大豆胞囊线虫的方法

第一年	第二年	第三年	第四年	第五年	第六年
最佳方法 非寄主植物	非寄主植物	大豆	重复		
可选方法 非寄主植物	早熟品种	非寄主植物	早熟品种	非寄主植物	重复

2. 大豆胞囊线虫的寄主范围　大豆胞囊线虫的寄主植物主要是豆科植物如大豆(Glycine max)、赤豆(Phaseolus angulatis)、菜豆(Phaseolus vulgaris)、绿豆(Phaseolus radiatus)、豌豆(Pisum sativum)。在美国,胡枝子(Lespedeza bicolor)也是寄主。另外,大豆胞囊线虫还可危害赤小豆(Phaseolus calcaratus)、黄花毛蕊花(verbascum thapsus)、歪头菜(Vicia unijuga)、小叶野决明(Thermopsis chinensis)、比利牛斯金鱼草(Antirrhinum molle)、高黄琴(Scutellaria altissima)、决明(Cassia obtusifolia)、地黄(Rehmannia glutinosa)等,也可寄生于羽扁豆、林山鼗豆、扎罗斯列夫鹅毛箭筈豌豆、箭筈豌豆、冬箭筈、三叶草,还有青豆、紫豆、豇豆等。

(二)种植抗耐病品种

栽种抗病品种是防治大豆胞囊线虫病既实际又经济的方法。虽然目前全世界所种植的各类大豆品种中还未发现对大豆胞囊线虫完全免疫的品种,但其抗病性却有显著性差异。如果选择栽培对大豆胞囊线虫抗病性较强的大豆品种,不仅能减轻大豆胞囊线虫的侵染程度,同时也可逐渐降低田间的大豆胞囊线虫虫口密度,缩短轮作年限。美国培育出的抗大豆胞囊线虫的品种如 Bedford 和 Centennial 等，日本培育出的抗大豆胞囊线虫大豆品种铃姬、丰铃等在生产上推广应用，有效地控制了大豆胞囊线虫病的发生危害。

一个抗性品种长时间在同一地点种植，可能会引起侵染抗性品种的新的小种出现，由于新的线虫小种在种群数量上的不断积累，抗性品种将会遭受其害。因此，抗病品种也要有合理的种植计划，定期进行抗病品种的更换，以避免抗性品种抗性过早消失。

如果找不到一个对当地主要大豆胞囊线虫小种有抗性的品种，通常可以培育一个对线虫有耐性的品种，可以种植在有感病线虫小种、只有少量收成的地块，同样可以获得一个较好的收成。

(三)种植诱捕植物

种植某些豆科非寄主植物作为诱捕作物，如三叶草、苦罗豆、猪屎豆、苜蓿、苎麻等，可以有效地减少土壤内大豆胞囊线虫数量，从而可以减轻危害，这些豆科非寄主植物不仅能诱使大豆胞囊线虫卵孵化，能被大豆胞囊线虫的幼虫侵入，但侵入后线虫不能进一步发育，不能形成胞囊也不能繁殖，从而使土壤内线虫基数减少。在播种大豆前或收获后播种一茬猪屎豆、苎麻，然后翻耕作绿肥，既增加了土壤肥力又减轻了线虫危害，一举两得。

(四)选用健康清洁的种植材料

很多植物线虫病害都能由种苗传播，大豆胞囊线虫也不例外。因此，对于这些线虫病害首先必须保证播种材料的健康和清洁。在采用无病种子播种后，就有效地防治了此病的危害。同时在田间农事操作的过程中,当播种机、中耕犁、翻耙机等田间作业机械在含有大豆胞囊线虫胞囊的地块作业后,有时不能及时清除残留的土壤,这部分土壤可能含有胞囊,当这些机械再到别的不含大豆胞囊线虫胞囊的地块作业时,便成了大豆胞囊线虫胞囊的传播者。因此,在田间农事操作中应尽量保证农业机械和工具的清洁,避免将已发生大豆胞囊线虫病害地块的土壤带入未发病地块。

(五)施肥与漫灌

施肥与漫灌对防治大豆胞囊线虫和提高大豆产量有显著效果。王秋荣等研究表明,大豆胞囊线虫在贫瘠地、盐碱地、砂砾地、岗地发生比较严重。因此,增施有机肥、磷肥和钾肥,在生长后期补施叶面肥可起到预防作用,是减轻产量损失的重要措施。在中等偏低肥力地块,每667平方米施用有机肥1 000千克作基肥;每667平方米在传统应用磷酸二铵10千克作种肥的情况下,改为在种肥中增施尿素和硫酸钾,即磷酸二铵7千克,尿素1.5~2.5千克,硫酸钾1.5~2.5千克或选用混合肥和复合肥,表现出较明显的增产耐病性。在大豆生长的中后期,为了减轻胞囊线虫病的危害,减少病害造成的损失,促进受害植株的地下和地上部营养体生长,用20余种微肥、叶面肥做筛选试验,筛选出硼钼微肥、金必来、旱地龙、植物动力、双效微肥、大肥王、若尔斯等拌种复合配方或叶面追肥,均可获得较明显的抗病增产效果。在大豆花期(大豆胞囊线虫卵成熟期)每667平方米追施尿素2.5千克,可使受害的大豆营养体加速生长,对减轻危害有一定的积极作用。田间增施有机粪肥、堆肥或其他有机肥料,可以有效地改善土壤肥力状况,提高作物的抗逆能力,改善土壤微生物群落的构成,使土壤线虫的天敌种群数量增加,降低线虫种群繁殖率,减少寄主植物上的线虫量,减轻危害。

李国祯等以低肥区为对照,中肥区与高肥区增产270~787.5千克/公顷,增幅为10%~29%;以不施肥区为对照,每公顷增产447.75~1545千克,增幅为19%~80.5%。如果在施肥基础上再灌1~2次水,高肥区比低肥每公顷区增产349.5~862.5千克,增幅为18%~43%,比不施肥区的增产189~1025.25千克,增幅为10.8%~58.4%。

线虫虽是水生动物,但土壤长期水淹,线虫也会窒息而死。因土壤通气不良和受潮后容易使线虫发生细菌和真菌性病害。一般水淹2~3周,可以收到很好的防治效果。

施肥与漫灌并不能根本地控制大豆胞囊线虫病,因为漫灌对胞囊内的卵作用效果不大,而施肥使植株生长健壮,产量提高,同时大豆胞囊线虫的数量也会随之增加。

(六)调节作物播种期

播种期和线虫病害发生有很大关系,改变播种期可以控制植物生育时期,错过病原线虫侵入的盛期或使线虫不能完成生活史,从而达到避病效果。但是由于大豆胞囊线虫病害以及大豆自身生长的特殊性,在农业生产中通过调整大豆播种期的方法防治大豆胞囊线虫病的效果不明显。

(七)进行土壤改良

田间增施有机粪肥、堆肥或其他有机肥料,可以有效地改善土壤肥力状况和土壤结构,增加土壤的保肥、保水能力,为大豆的生长发育创造良好的条件。同时施肥可以促进大豆代谢,促进大豆根系发育,提高大豆的抗逆能力,提高大豆的产量和改善大豆的品质。施肥还可以改善土壤微生物群落的构成,使线虫天敌种群数量增加,使整个线虫种群繁殖率降低,减少寄生植物的线虫量,降低大豆胞囊线虫的危害程度。

(八)注意田间卫生

清除田间杂草和病株残体是降低大豆胞囊线虫侵染来源和减轻病害发生的重要环节之一。如果将清除的田间杂草和病株残体集中销毁,就可以减少初侵染源。农事操作时及时拔除田间、地头杂草,可以减少线虫数量,达到减轻病害目的。

(九)土地休闲

土地休闲在某些国家来说是一项广泛采用的技术,它是通过饥饿的方法来抑制线虫种群。就干燥休闲而言,由于土壤干旱高温作用,线虫的死亡率非常高,因而被看作是土壤自然消毒。但是这个方法发挥作用慢,可能需要整个生长季节,不让生长任何植物,甚至连杂草或牧草也不让生长,力争使线虫没有寄主植物,不能繁殖,从而达到减轻线虫危害的目的。但这种方法在人口众多而耕地紧张的国家是行不通的。

四、生物防治

生物防治是指利用有益微生物防治植物病虫害的各种措施。对大豆胞囊线虫病而言,主要是利用胞囊线虫的天敌来控制虫口数量并降低线虫引起的损失。

近年来,国内外众多研究均已发现大豆胞囊线虫的抑制性土壤,在这种抑制性土壤中或连续种植大豆的田块中,线虫可被多种天敌微生物或捕食者寄生或捕食,包括真菌、细菌、捕食性线虫、昆虫、螨类和有拮抗性的植物等。在众多的天敌种类中,研究最多的是食线虫真菌,其次为食线虫细菌和有拮抗作用的植物,此外还陆续观察到立克次氏体属的微生物、捕食性线虫、弹尾目昆虫和捕食性螨类等,其中食线虫真菌和细菌是研究较深入的天敌种类。目前,国内外均在进行生物防治菌的筛选和生物防治制剂的研制工作,但尚无任何一种线虫生物防治制剂真正广泛地应用于生产,主要是防治效果不稳定。生物防治制剂施入土壤,由于土壤生态环境复杂,各种理化因素、生物种类都对施入的外来生物防治因子有影响,必须研究生物防治因子的适应性和实用性。理想的线虫生物防治制剂应具备以下条件:一是有明显的防治线虫效果;二是便于工厂化生产,成本不高;三是对寄主植物、人和动物无致病性;四是不污染环境。

现在已知大豆胞囊线虫的天敌微生物包括真菌、细菌、病毒、立克次体以及捕食性线虫、原生物和螨类等。人们研究较多,分布较广,最有利用潜力的为真菌。我国线虫专家从山东省高密、胶州、沛县等地的大豆胞囊线虫卵中分离出110个真菌菌株。从黑龙江、吉林、山西及河南等地的8个大豆胞囊线虫土样中分离出150余个真菌菌株,共鉴定出15属真菌。应用其中的淡紫拟青霉、厚垣轮枝菌和Cylindrocarpon heteronema制剂以及3种真菌制剂的混合剂防治大豆胞囊线虫,第一代胞囊减少率分别为52.5%、47.5%~64.8%和72.7%,淡紫拟青霉和轮枝菌的效果接近于用种衣剂和呋喃丹的效果。

大豆胞囊线虫病的生物防治因子种类很多,但广泛深入研究的却只有食线虫真菌和细菌。目前,世界上已筛选到了400种以上植物寄生线虫的生物防治真菌,但相对于上万种真菌种类而言,只是极少的一部分,尚有很大的发掘潜力。而食线虫细菌的筛选工作才刚刚开始,其他几类线虫生物防治因子研究资料更少。因此,继续筛选和深入研究每一类病原线虫的生物防治因子仍然是未来的主攻方向。

沈阳农业大学植物线虫学研究室在室内试验的基础上,研发出一种线虫生物防治菌制剂新剂型——"豆丰"一号,在东北三省累计推广示范20.7平方千米,在黑龙江省示范的防效达59%～74%,具有一定的应用前景。这种生物防治制剂的研究技术已经获得国家专利(专利号:98114437.3)。尽管有许多不同的研究小组或实验室都在试图研制生物防治制剂,但到目前为止,仅有2种真菌被制成商品,一种是Myrothecium verrucaria,由美国的Abbott实验室生产,商品名TiTera;另一个是淡紫拟青霉菌(Paecelomyces lilacinus),由菲律宾Bioact公司生产,商品名BIOACT。另外有2种细菌也制成制剂,其中有3家美国公司使用的是Burkholderia cepacia,一家日本公司(Nematech公司)使用的是Pasteuria penetrans,这些产品都声称在植物的根际有活性。

(一)大豆胞囊线虫的天敌类群

1. 真菌 真菌是一类微小的真核生物,以菌丝体吸取营养,以产生各种类型的孢子进行繁殖。杀线虫真菌分布非常广泛。大豆胞囊线虫的生物防治真菌可分为四类:捕食性真菌、寄生性真菌、产毒真菌和研究较少的菌根菌(VAM)等。

(1)捕食性真菌 捕食性真菌是指以营养菌丝特化形成的捕食器官捕捉线虫的一类真菌。到目前为止,世界上已经报道的捕食性真菌近200种。菌丝特化的捕食器官类型有:黏性菌丝、黏性网、黏性分枝、黏球、收缩环、非收缩环和冠囊体 7 大类(图 13)。

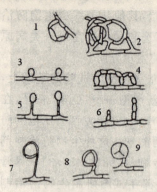 

图 13　菌丝特化的捕食器官
1,2. 黏性网　3,4. 黏性球
5,6. 黏性分枝　7. 收缩环　8,9. 非收缩环

①黏性菌丝　黏性物质覆盖了整个菌丝表面,线虫可以在任意点上被捕食,这一类型的捕食器官主要存在于低等的无隔菌物中,现在分离到的大多数分离物都属于捕虫霉目的梗虫霉属(*Stylopage*)和泡囊虫霉属(*Cystopage*)。这类捕食器官捕虫能力较强,尽管只有一个接触点,但大线虫也可被捕捉。当线虫接触黏性菌丝后,立即被粘住,并且线虫失去活动能力,2~3 小时后就被侵染(图 14)。

②黏性分枝　营养菌丝上短的、直立、多细胞分枝,分枝的表面具有黏性。它是一类简单的捕食器官,捕捉能力较黏性菌丝差,黏性分枝的聚集常使线虫被一个分枝捕捉后很快又被其他分枝粘住。黏性分枝常可以相互融合形成二维网,*Monacrosporium cionopagum* 是最常遇到的种。

③黏性网　由黏性分枝进化而来的,菌丝通过细胞融合形成三维的黏性网状结构。产生黏性分枝的营养菌丝与这个

分枝发生细胞融合,形成第一个环;再从该环或菌丝的其他部位产生分枝,分枝再次形成环;如此各个不同方向的分枝融合,最终形成复杂的三维网状结构。这是最常遇到的一种捕捉器官。但与其他捕食器官相比,其捕捉能力较低,但腐生能力强,往往营养菌丝已消解而黏网完好,如少孢

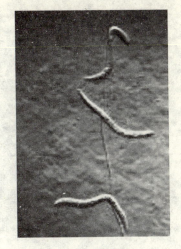

图14 黏性菌丝

节丛孢(*Arthrobotrys oligispora*)。运动中的线虫与菌网擦过不会被捕捉,但当线虫接触菌网稍作停留就会被捕捉(图15)。

④黏性球 菌丝上产生有柄或无柄的单细胞黏球,有时在黏球上可以连续形成第二个黏球,如此重复形成短的串生黏球,每个球都有黏性。这些黏性球细胞在菌丝上密集分布,通常都会有几个同时粘到线虫体上,尽管线虫可将黏性球细胞从菌丝或柄上挣断下来,但黏球仍然牢固地粘在线虫上,并且可以正常地萌发、侵染。如轮虫霉属(*Zoophagus*)、单顶孢属(*Monacrosporium*)和隔指孢属(*Dactylella*)中的一些种(图16)。

⑤非收缩环 由菌丝上细的分枝经细胞融合而形成的3~4个细胞构成的环。当线虫钻入环中时就被诱捕,在接触部位产生侵入丝侵染线虫,吸取线虫体内的营养物质。这种

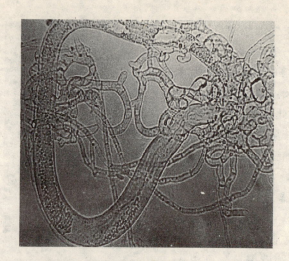

图 15 黏性网

图 16 黏性球

捕食过程被认为是被动的。如 *Dactylella leptospora*。

⑥收缩环 由菌丝分枝细胞融合形成的由3个细胞构成的环,这是一种进化非常成熟的捕食器官。线虫钻入环时,触发三个环细胞迅速向内膨大,体积可膨大到约原来的3倍左右,从而把线虫死死卡住,环闭合仅需0.1秒钟。真菌侵入菌丝杀死线虫的时间也很短。如圆盘菌属(*Orbilia*)(图17)。

⑦冠囊体 由菌丝体侧生或直接从孢子上产生的球形细胞,其基部还生有一圈小刺结构。冠囊体表面覆盖一层纤维状的黏性物质,一旦粘住线虫体壁,在2小时后又会分泌出更多的黏性物质,形成一小团垫状物而牢牢粘住线虫。同时冠囊体还可以产生一些短小的隆起,呈犬牙状,嵌住线虫表皮。

(2)寄生性真菌 应用前景较好的真菌属有:拟青霉属(Paecilomyces)、轮枝孢属

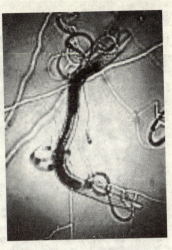

图17 收缩环

(Verticillium)、被孢霉属(Mortierella)、钩孢霉属(Harposporium)、线生菌属(Nematophora)、枝顶孢属(Acremonium)、头孢霉属(Cephalosporium)和镰刀菌属(Fusarium)等。这些真菌大多为土壤习居菌,因其适应性广,在农业土壤中具有较强的竞争能力,而成为胞囊线虫生物防治菌中最具生物防治潜力的寄生物类群。尽管在多数情况下镰刀菌属真菌是植物病原菌,但许多研究表明,从线虫卵或胞囊上分离到镰刀菌属真菌的频率比较高,其中尖孢镰刀菌(F. oxysporum)是分离到的优势种。林茂松用5%草酸青霉(Penicillium oxalicum)和腐皮镰孢(F. solani)进行盆栽试验,对大豆胞囊线虫的防效分别达到72%和70%。

寄生性真菌对线虫侵染方式可分为两种:卵内寄生真菌和胞囊内寄生真菌。线虫卵的寄生真菌包括淡紫拟青霉、厚垣轮枝菌、矮被孢霉、棒孢枝顶孢霉、头孢霉、镰刀菌等。这些

真菌当接触到卵时就迅速生长,并穿透卵壳进入到卵内,菌丝在卵内吸取营养。常见的胞囊体内寄生真菌是厚垣轮枝菌和淡紫拟青霉(图18)。

图18 寄生性真菌寄生胞囊

厚垣轮枝菌是一种土壤习居菌,它不仅可定殖于靶标线虫的雌虫和卵上,还可利用土壤中的腐殖质营腐生生活,对发育前期的雌虫防治效果很明显。厚垣轮枝菌可能通过与线虫的竞争作用使线虫无法接近或占领根部,同时产生有毒物质作用于线虫,破坏线虫取食的合胞体,从而影响线虫在根部的定殖和取食能力。也可改变根分泌物的种类,影响线虫卵的孵化并干扰线虫的繁殖。沈阳农业大学专家利用厚垣轮枝菌研发出大豆胞囊线虫生物防治菌制剂——豆丰一号,进行推广示范,在黑龙江地区示范的防效达59%~74%,该菌剂对大豆田土壤线虫的生物多样性产生较好影响(图19)。

淡紫拟青霉是研究较多的一种线虫寄生真菌,在不同环境条件下,能控制不同作物上的各种线虫。我国刘杏忠等利用淡紫拟青霉制成保根菌剂防治大豆胞囊线虫,平均防效为66%~68%。但是淡紫拟青霉对人不安全,可以寄生于人的眼角膜上,所以使它的开发和利用受到限制。

(3)产毒真菌 目前所发现的食线虫产毒真菌主要分布在子囊菌亚门、担子菌亚门和半知菌亚门中,接合菌亚门中也发现对线虫具有毒杀作用的物质,已从50多株菌中分离到对线虫有活性的代谢产物近100种。杀线虫真菌代谢物的结构类型有醌类、生物碱类、大环内酯类和呋喃类化合物等,都对供试线虫有活性。迄今为止,国外产毒真菌的研究主要集中于担子菌中的侧耳属和猴头菌属,并以腐生线虫(Caenorhabditis elegans)和南方根结线虫(Meloidogyne incognita)作为供试线虫,只有少数以 $H. glycines$ 为靶标线虫。

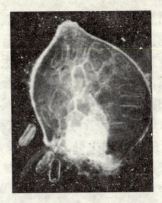

图19 厚垣轮枝菌寄生胞囊

(4)菌根菌(VAM) 泡囊丛枝菌根菌(vesicular-arbuscular mycorrhizal,VAM)属于接合菌亚门真菌,是一种与植物根共生的内生真菌。一种菌根菌 Glomus fasciculatum 能侵染大豆胞囊线虫的卵,但并不能显著抑制线虫的种群密度。李海燕等观察到部分丛枝菌根真菌能有效地抑制胞囊线虫对大豆根系的侵染、胞囊发育和二龄幼虫的形成。

菌根真菌在植物根表面及周围土壤中形成的菌丝网,一是可以增强根毛对水分、磷离子的吸收,增强植株活力,减少线虫危害所造成的产量降低,又可以改变或减少根毛分泌物降低对线虫的诱集作用,阻止线虫在根际的聚集,降低线虫卵的孵化;二是增加根系周围游离酸的含量,限制了线虫种群的扩大;三是使接种菌根菌的植株根毛细胞木质化程度增加,也可增强对线虫的抗性。

2. 食线虫细菌

(1)巴氏杆菌 据报道,巴氏杆菌属(Pasteuria)广泛分布于世界各地,可寄生116属土壤线虫。其中最常见的穿刺巴氏杆菌(P. penetrans Sayre & Starr)是寄生根结线虫的专性寄生菌。因此,在根结线虫的防治研究方面进展迅速。巴氏杆菌是一种革兰氏染色阳性、二叉状分支、具有内生孢子的细菌。在寄主线虫经过时,其内生孢子附着在移动的二龄幼虫的体壁上,若温度适宜,在线虫侵入植物根部并开始取食后4~10天,内生孢子随线虫发育而萌发产生芽管,穿透线虫表皮侵入到线虫假体腔内,释放大量成熟内生孢子并进行再侵染,从而完成其生活史,最后以芽孢的形态在土壤中越冬。内生孢子不能运动,但耐高温、耐干燥,能抵御不良的外部环境,同时对一些杀线虫剂如呋喃丹、益舒宝、克线磷等有一定的适应性,可以与杀线剂协调使用。该菌在我国南方的福建、广东等地,曾有报道用于防治根结线虫,但研究尚属起步阶段。我国还没有报道从大豆胞囊线虫上分离到该菌,而日本、韩国、美国已分离到可以侵染大豆胞囊线虫的巴氏杆菌(图20、图21)。

(2)根际细菌 近十几年,用根际细菌防治植物寄生线虫的研究渐渐增多。国内外研究者对植物根际细菌进行了大量的筛选,发现了一些对植物寄生线虫有拮抗作用的生物防治细菌,其中以假单胞菌属(Pseudomonas)和芽孢杆菌属(Bacillus)中的种类最多。根际细菌对线虫的作用机制目前不是特别清楚,大多数细菌对

图20 巴氏杆菌附着于线虫体表

线虫的影响是通过产生次生代谢产物,如酶、毒素等来实现的,还有少量是通过增强植物系统抗病性和在营养和空间位点上与线虫竞争实现的。有时根际细菌还可以改变根系分泌物、与线虫间的作用方式,根系分泌物可以影响线虫卵孵化、线虫趋向根的运动、线虫与寄主的识别及在根上寄生等。

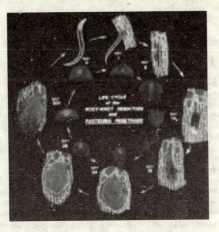

图 21　巴氏杆菌的生活史

(3)放线菌等其他细菌　放线菌中的一些种类能够产生具有抗生或杀线虫特性的化合物,成为防治植物线虫的有效微生物源之一。目前,从除虫链霉菌(*Streptomyces avermitilis*)的代谢物分离到一种大环内酯化合物,命名为阿维菌素,该化合物已被证明具有高效广谱杀线虫活性,并进行了商业化开发,在生产中广泛应用。立克次氏体(*Rickettsia-like organisms*)是存在于细胞内,类似于细菌一类的微生物。目前已在大豆胞囊线虫中发现了立克次氏体的存在。

利用细菌防治线虫还存在诸多问题,如筛选工作量大、有效菌株的筛选标准的确定、能否在根部定殖及如何检查定殖情况、如何根据其防病机制解决防效不稳定的问题等。国内外学者已注意到了这些问题,相信应用细菌防治线虫的生物防治措施会在不久的将来取得长足的发展。

3. 杀(抑)线虫植物　具有杀(抑)线虫活性的植物资源

丰富、分布广泛,已报道有102科226属316种药源植物,其中以菊科和豆科植物居多。杀(抑)线虫植物能降低线虫活性引起线虫死亡,或抑制线虫卵的孵化以减轻线虫对寄主作物的危害。研究应用较多的有万寿菊属植物、印楝、蓖麻等。国外推荐的比较成型的耕作模式是利用万寿菊与其他作物间作,以防治根结线虫及其他线虫的危害。

印楝作为世界上优秀的药源杀(抑)线虫植物而被多个国家广泛深入研究,而且印楝和印楝类产品在植物源杀线虫剂中也是最有前途的一类。杀(抑)线虫植物多以南方根结线虫、短体线虫、矮化线虫和纽带线虫等为靶标线虫,但针对大豆胞囊线虫的研究较少,但各类杀线虫植物能防治多种植物寄生线虫,可减轻环境污染,控制线虫病害的严重发生与危害,是一类很有潜力的生物防治因子。因此,筛选对大豆胞囊线虫有作用的植物源杀(抑)线虫剂是未来的一个发展方向。

4. 捕食性线虫 捕食性线虫是植物寄生线虫的拮抗因素之一。尽管在多数土壤中存在着大量的捕食性线虫,但对它们在植物寄生线虫生物防治中的作用还缺乏了解。Stirling将捕食性线虫归为4类:单齿目(Mononchida)(图22),矛线目(Dorylaimid),双胃目(Diplogasterida),滑刃目(Aphelenchida)长尾滑刃线虫属(*Seinura*)等都是植物寄生线虫的天敌。捕食性线虫通常从捕食的线虫、真菌、藻类及其他土壤微生物区系获得食物,在对大豆胞囊线虫生物防治的研究过程中,发现捕食性线虫在抑制性土壤中也起着重要的生物防治作用。虽然在土壤中这些捕食性线虫对植物寄生线虫的自然控制发挥了一定的作用,但还未引起人们的足够重视。Christie指出"捕食性线虫对植物线虫的生物防治是一个有吸引力而尚未探索、有待研究的领域"。

5. 捕食性土壤动物 捕食线虫的土壤动物有水熊（Tardigrades）、扁虫（Turbellarians）、跳虫（Collembola）、螨类（Mites）、原生动物（Protozoa）及 Enchytraeids，这几类捕食性生物广泛存在于不同结构特性的农业土壤中，它们在土壤中的捕食能力都比捕食性真菌强。然而土壤孔隙的大小和土壤相对湿度是影响它们活动性的限制性因素。

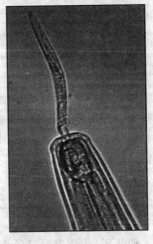

图22　单齿目捕食性线虫

有 41 种螨和全部弹尾目昆虫可以以线虫为食。弹尾目昆虫各生育期都能捕食线虫各种虫态（含卵），因此控制线虫的速度快而且捕食的数量多，其中 Onychiurus armatus 能暴食十字花科胞囊线虫的卵、胞囊和各龄幼虫。在培养皿里，一些弹尾虫能贪婪地取食大豆胞囊线虫的胞囊，大量弹尾虫能在有大豆胞囊线虫的温室花盆中发现，然而若将它们应用于实践还需进一步研究。

（二）生物防治因素的利用途径

植物线虫病害的生物防治有两类基本措施：一是大量引进外源拮抗生物；二是调节环境条件，使已存在的有益微生物群体增长并表现拮抗活性。引进外源拮抗菌可以使用生物农药，但现在可投入生产的生物农药种类很少；也可以利用抑病土（抑病土是指自然条件下对病原物生长发育不利，在有病原物存在时病害不发生或发生很轻的土壤）进行防治，将抑病土混入病土中,从而使病土获得抑病能力。通过调节环境条件,改善栽培条件,提高作物的抗病能力,促进土壤中的天敌生物的繁殖增长;也可以向土壤中添加有机质,诸如腐熟的厩肥、绿肥、纤维素、木质素、几丁质类物质等,促进捕食性或寄生性真菌和放线菌繁殖,达到抑制线虫的目的。在生产中,胞囊线虫具有自然衰退的现象,即在作物连作条件下(至少5年以上),病害反而减轻。但由于所需年限较长,在实际生产中对病害的控制作用不是很大。

五、化学防治

近几年,化学农药对环境和食品污染问题日益受到重视,为了符合国家提出的可持续发展农业的要求,在大豆生产上已经不提倡用化学试剂来防治大豆胞囊线虫了。但是由于化学试剂具有见效快、防治效果明显等优点,在一些常年发病而轮作换茬又有一定困难的地块,可以采用化学防治的方法。

(一)化学防治的优缺点

1. 化学防治的优点

与其他防治方法相比较,化学防治大豆胞囊线虫有以下优点。

(1)见效快 药剂处理土壤可使当年的胞囊量大大降低,在本生长季内控制其发生及危害程度。

(2)效果明显 对于连年发病的地块,在大豆播种前或播种后处理土壤,杀死将要在幼苗期侵染的胞囊线虫,使大豆苗在受害前形成强大的根系,从而降低经济损失。

(3)使用方便,技术简单 防治大豆胞囊线虫的杀线虫剂大都是土壤处理,用法简单,易掌握。

(4)兼治效果明显 一些杀线虫剂还可兼治真菌、细菌、地下害虫和杂草等,可节省劳力。

2. 化学防治的缺点

(1)污染严重 污染环境容易使人畜中毒。

(2)对天敌有害 会大量杀伤天敌,造成线虫病害再次猖獗,形成恶性循环。

(3)抗药性问题 长期使用单一农药易使线虫产生抗药性,并且可使大豆胞囊线虫的优势小种发生变化,加重危害程度。

(二)杀线虫剂的处理及施用方式

杀线虫剂的施药方式、处理方式和施药方法有多种,在实际防治工作中,应根据作物、防治对象、所用药剂进行选择,力求降低防治费用。

1. 杀线虫剂的施药方式 按照杀线虫剂处理面积的大小区分,施药方式有以下3种。

(1)全面施药 即在种植作物的整个地块用药,这种施药方式用药量较大,杀线虫效果明显,主要用于行距较窄的作物。

(2)沟施 药剂仅施在播种垄沟内,其施药量仅为全面施药的1/10~1/2,主要用于作物种植行距较宽的田中,是主要的施药方式。

(3)栽培穴施药 用于一些种植在斜坡地上的作物,仅处理栽培穴部分,这种施药方式用药量小。

根据杀线虫剂施用时期的不同,有以下几种处理方式。

(1)种植前处理 熏蒸杀线虫剂对植物有药害,应于种植前处理苗床或大田。

(2)种植时处理　非熏蒸药剂可以在作物播种时处理土壤。

(3)种植后处理　有机磷和氨基甲酸酯等对植物药害轻的药剂可以在植物生长期间处理。

2. 杀线虫剂的施药方法

(1)土壤注射　多数的熏蒸性杀线虫剂,施用时一般须借助特殊的器械。在小面积施药时,常用土壤注射器按一定间距向土内注入一定量的药液,注射的深度可用探针来调节。

(2)土壤熏蒸施药机施药　大规模处理可采用土壤熏蒸施药器械,施药原理一般是利用熏蒸剂药液的重力,从安装在铧子后的输液管流滴在划好的一定深度的沟中,然后覆土压盖。

施用粒剂或吸附药液的粉剂,用施肥器或播种机施入土中。

(3)土壤灌注　用水对制成药液,然后向土壤灌注。此外有些土壤熏蒸剂也可应用此法来施药,如氯化苦、二溴化乙烯和D-D混剂等。

(三)杀胞囊线虫剂的作用机制

为了达到杀死或抑制线虫活性的目的,杀虫剂可通过表皮进入胞囊线虫体内,或者在胞囊线虫取食过程中通过口器进入。目前,选择性杀线虫剂主要是通过抑制氧化酶和乙酰胆碱酶的活性来达到杀死线虫的目的;而灭生性的杀线剂的作用机制是与蛋白质的相关位点结合来杀死线虫。下面是几大类主要的杀线虫剂的作用机制。

1. 卤代烃类　在土壤中以空气作为移动载体。一般认为是通过烷基化作用或氧化作用使线虫中毒。最初表现为线虫过度活动,继而麻醉,终至死亡。卤代烃是一种烷基化试剂,生物体内与生命至关紧要的蛋白质(特别是酶),其分子中均拥有羟基和氨基,卤代烃可与它们发生烷基化反应,使酶失去原有的活性或使活性受到抑制,从而导致线虫死亡。另一作用机制是发生于细胞色素链铁离子部位的氧化,使线虫呼吸作用受阻而导致线虫死亡。

2. 异硫氰酸甲酯释放剂类 异硫氰酸甲酯是氨基甲酰化试剂。一般认为它的杀线虫作用是通过与酶分子中的亲核部位(如氨基、羟基、巯基)发生氨基甲酰化反应来实现的。

3. 有机磷和氨基甲酸酯类 这两类化合物的杀虫机制是抑制胆碱酯酶,多种线虫的神经系统中亦发现有胆碱酯酶存在。研究表明,胆碱酯酶存在于神经传导的轴突部位,药剂钝化神经传导介质起着重要的作用。一般认为,有机磷和氨基甲酸酯杀线虫剂的作用机制与它们的杀虫机制是类似的。这两类化合物对线虫作用的共同特性是麻痹线虫(或称麻醉线虫),而并非杀死线虫,作用是可逆的。当把中毒麻痹的线虫从药液中移出置于净水中后,线虫可恢复正常状态。所以,这两类药剂对植物的保护作用并不在于杀死线虫,主要在于损伤线虫的神经纤维的作用活性,减少了线虫的活动,抑制线虫侵入植物及摄取食物的能力,破坏雌虫引诱雄虫的能力,从而导致线虫的发育和繁殖滞后,达到抑制目的。大豆胞囊线虫常用的杀线剂作用方式见表3。

表3 大豆胞囊线虫常用的杀线虫剂作用方式

类别	药剂名称	作用方式
熏蒸剂	溴甲烷	在土壤中以空气作为移动载体,可与蛋白质的亲和位点、氯化铁卟啉和血红素蛋白质发生反应
	棉隆 威百亩	需加水以提高在土壤中的毒性,棉隆和威百亩可转化成异硫氰酸甲酯,可在蛋白质上的亲和位点发生反应
非熏蒸剂	益舒宝 克线磷 涕灭威 克百威	与乙酰胆碱酯酶结合,抑制酯酶及产生各种药理学作用

(四)影响杀胞囊线虫剂使用效果的因素

1. 抗药性 有关线虫抗药性的问题报道很少,有学者于1981年报道,尚未在田间发现植物线虫抗药性的事例。其原因可能与杀线虫剂在土壤中的施用有关。杀线虫剂主要通过土壤施用,它们在土壤中的持久性短,使用的频率较低;在非全面施用时,未施药地区的线虫不断迁入。这些都可能是线虫抗药性发生速度缓慢的原因。为避免抗药性的发生,在实际防治工作中对这个问题应加以重视,避免连续施用同一种药剂。

2. 土壤因素

(1)对土壤条件的要求 杀线虫剂有的对土壤要求限温限湿,有的专用于中性土壤,有的不耐碱性,有的则对土壤条件要求不严。有些杀线虫剂在较干燥或有机质含量多或碱性土壤中效果较差,试验及生产应用中也发现有的杀线虫剂效果不稳定,分析其原因与土壤环境有关。为保证效果,应注意药剂说明中对土壤环境的要求,以选择适合防治地块土壤条件的杀线虫剂。也可通过浇水改变土壤含水量,或对有机质含量多的土壤、碱性土壤适当增加用药量来提高防效(需经过实践验证效果);在药剂说明中未注明对土壤条件要求的杀线虫剂,应在生产应用中注意观察对比不同土壤条件使用的效果差异,以总结规律,更好地服务于生产。

(2)土壤类型和药剂的理化性质 土壤的类型是影响杀线虫剂药效的重要因子,土壤对药剂的吸附作用与其所含的有机物质有关。药剂在土壤中的移动情况与它在土壤有机质中的浓度及其在土壤水中的浓度,二者平衡时的比值 Q 有关(Q=药剂在土壤有机质中的浓度/药剂在土壤水中的浓度)Q 值愈小,药剂在土壤溶液中的比例愈大,愈有利于药剂在土壤中移动,愈有利于杀线虫作用。

(3)土壤特性可影响杀线虫剂在土壤中的运动 黏土粒或过量的有机物可以吸收杀线虫剂,限制药剂在土壤中移动扩散。黏土的小孔隙容易被水占据,从而阻止杀线虫剂的扩散,造成熏蒸不彻底。砂性土壤中,孔隙相对较大,所有的熏蒸性杀线虫剂在这类土壤中扩散很快。因此,土表必须用塑料薄膜、土壤覆盖物、苗床覆盖物或其他措施加以覆盖,防止杀线虫剂扩散到空气中。

(4)土壤准备 为使挥发性杀线虫剂达到最佳的防治效果,土壤的准备情况是至关重要的。为起到防治效果,药剂必须渗透到所需深度的土层,翻耕处理不好或含有大量作物残体的土壤,往往得不到满意的效果。而且,存在于未经腐熟的植物残体内的线虫可能会逃过杀线虫剂的作用。熏蒸性杀线虫剂还受土壤湿度、温度和药剂本身物理特性的影响。一般情况下,温度高时,土壤的吸附作用小、蒸气压大,对药剂扩散是有利的,但是扩散太快不能发挥药剂的应有效果。一般熏蒸剂的施药温度在16℃以上,最低温度为7℃~10℃。最适宜的湿度和温度因土壤类型、杀线剂特性及其他因素而改变。在不利条件下,不宜进行土壤处理。有些杀线剂(非熏蒸剂)不具有挥发性,必须通过机械混合(翻耕)或在水中扩散而分散到土层中,主要是通过药剂的水溶液在土壤颗粒表面的水膜中作用产生防治效果。若通过湿度来扩散,就必须有足够的自由水,而且要求杀线虫剂水溶性不能过大,以防止药剂扩散过快而渗入耕作土层以下。因此,药剂在土壤中的运动与土壤的吸附性及含水量(灌溉水和天然雨水)有很大关系。

3. 经济效益问题 这是植保工作中的重要问题,也是大豆种植者首要考虑的问题。由于杀线虫剂多是土壤处理剂,是种植之前一项比较大的投资,种植者首先要明确这种投资是否能获得利润。曾有学者就国内目前使用的杀线虫剂在大豆和棉花上的应用做了经济剖析,结果是除了甲基异柳磷外,其他几种药剂(涕灭威、克百威、苯线磷、棉隆等)的防治费用与增值之比低于1∶3,甚至呈负值。需要指出的是,在进行上述分析时,仅按药剂的费用计算,尚未计算施药的费用,否则利益将更低。因此,在生产中除了降低药的成本,寻找药效高、价格低的药剂和研究如何减少施药量等途径外,从防治技术上也必须做更多的工作。

各类线虫在不同土壤中对药剂所要求的有效剂量是不相同的,特别是非熏蒸剂,只影响线虫的行为并非杀死线虫,如果能进行深入的研究,找出最佳的防治时期和节省用药的防治措施,便可降低防治费用。

4. 安全和环境问题 杀线虫剂一般都是高毒的,必须谨慎处理,绝不能与皮肤甚至衣服接触。如有沾染,应及时更换衣服,彻底冲洗皮肤。受污染的衣服未经仔细清洗,绝不能再穿。液体杀线虫剂蒸气也是有毒的:液剂的转移、测量和处理要在通风条件下操作,最好选择通风橱。杀线虫剂的标签注明施用量、施用方法、安全防范措施及万一发生事故时应采取的措施,也有列出施用范围,在施用前必须仔细阅读说明。盛放杀线虫剂的容器决不能用作其他的用途,而且要用大量的水冲洗,污水要洒到土壤里。杀线剂要远离食品、饲料、饮料以及其他药物,单独存放。

(五)杀胞囊线虫剂的种类和使用方法

1. 氨基甲酸酯类(非熏蒸剂)

(1)涕灭威

【通用名称】 aldicarb

【其他名称】 铁灭克(Temik)

【毒　性】 涕灭威为高毒灭虫、杀线虫剂。对鱼类、鸟类和蜜蜂高毒

【剂　型】 15%颗粒剂

【特　点】 涕灭威具有触杀、胃毒和内吸作用,能被植物根系吸收,传导到植物地上部各组织器官。速效性好,施药后数小时可发挥作用,持效期长。撒药量过多或集中撒施在种子及根部附近时,易出现药害。涕灭威在土壤中易被代谢和水解,在碱性条件下易被分解,在土壤中的半衰期是11~21天。该药除了防治胞囊线虫以外还可以兼治大豆蚜、红蜘蛛、蓟马等害虫。

【使用方法】 于大豆播种开沟前,将颗粒剂与土混匀撒施在沟内,每公顷有效成分1.5~2.2千克。点播大豆时,土

壤含水量应保持在17%以上,若土壤过干,易发生药害。

【注意事项】

①此药为剧毒农药,使用时要注意安全防护。

②涕灭威不能用于拌种,不可加水作为喷雾剂使用,穴施的药量仅为条施的一半。

③本品应贮藏在清洁干燥的通风场所,远离饲料和食品。地下水位低的地方限制使用。

④涕灭威中毒时,可用硫酸阿托品解毒。

(2)克百威

【通用名称】 carbofuran

【其他名称】 呋喃丹、卡巴呋喃丹、大扶农

【毒　性】 高毒

【剂　型】 3%呋喃丹颗粒剂

【特　点】 克百威是氨基甲酸酯类的广谱性内吸杀虫、杀线虫剂,具有触杀和胃毒作用。其毒理机制为抑制胆碱酯酶,但与其他氨基甲酸酯类杀虫剂不同的是,它与胆碱酯酶的结合不可逆,因此毒性高。呋喃丹能被植物根系吸收,并能输送到植株各器官,其中以叶部积累较多,特别是叶缘,在果实中含量较少。在碱性条件下易分解,温度和碱性对水解影响较大,在土壤中的半衰期为30～60天。可兼治很多大豆害虫,如蚜虫、豆秆潜蝇等。

【使用方法】 于播种沟内撒施颗粒剂,每公顷用3%颗粒剂120～150千克,施药后覆土。

【注意事项】

①克百威对人、畜高毒。

②克百威不能与碱性农药混用,不能与敌稗除草剂同时施用,施用敌稗应在施用克百威前3～4天或一个月后施用。

③克百威必须按高毒农药的规定处理,施药时注意安全防护工作,严禁将其加水制成悬浮液喷施。

④如发生中毒,可用阿托品解毒。

2. 有机磷类(非熏蒸剂)

(1)益舒宝

【通用名称】 ethoprophos

【其他名称】 益收宝、灭克磷、丙线磷

【毒　　性】 高毒

【剂　　型】 5%、10%、20%丙线磷颗粒剂

【特　　点】 有机磷酸酯类杀线虫剂和杀虫剂,为胆碱酯酶抑制剂,具有触杀作用,无内吸和熏蒸作用。在酸性条件下稳定,在碱性条件下迅速分解,对光、温稳定性好。残效期因土质、有机质含量、温度和湿度不同而有很大差异,一般为14~28天。可兼治鳞翅目、鞘翅目、双翅目的地下害虫,对直翅目和膜翅目的个别种类也有防效。

【使用方法】 可在播种前、播种时和生长期采用沟施和穴施的方法,每公顷用20%颗粒剂22.5~26.25千克。播种时药剂不宜与种子直接接触,在播种前和播种时穴施或沟施,覆盖一层土后再播种覆土。

【注意事项】

①本药剂易经皮肤进入人体,在施药时应穿戴保护衣,以免药剂与皮肤接触,如果药剂接触皮肤,应立即用清水冲洗。

②此药剂对鱼类、鸟类毒性较高,避免药剂污染河流和水塘及其他非目标区域。

③药剂应贮存在远离食品、饲料及儿童接触不到的地方。

④如出现中毒症状可采用阿托品和解磷毒急救。

(2)克线磷

【通用名称】 fenamiphos

【其他名称】 力满库、苯线磷

【毒　　性】 高毒

【剂　　型】 5%、10%苯线磷颗粒剂

【特　　点】 属有机磷类触杀性和内吸性制剂,无熏蒸作用,在土壤中的移动性较低。药剂从作物根部进入作物体内,并向下传导。水溶性好,随雨水或灌溉水的下渗到达作物根层,对线虫的防治起到双重治理作用,能防治多种线虫,对蓟马和粉虱等有效且对作物安全。在田间的半衰期为30天。

【使用方法】 每公顷施10%颗粒剂30～60千克,均匀撒施后,翻耕土层,然后播种;也可在大豆根侧开沟,将药施入沟内后覆土。

【注意事项】

①施药时要遵守安全操作规程,避免药剂与皮肤接触,防止中毒。

②药剂贮存在阴凉、干燥处,不能与粮食、饲料和食品混放。施药地块4～6周内,禁止家禽、家畜进入。

③避免药剂进入江河和鱼池,产生药害。

④若不慎引起中毒,患者可先吞服2片硫酸阿托品,病情严重者,立即送医院进行抢救。

3. 熏蒸剂

(1)棉隆

【通用名称】 dazomet

【其他名称】 必速灭

【毒　　性】 低毒

【剂　　型】 50%、80%可湿性粉剂、85%粉剂、98%～100%微粒剂

【特　点】　属硫代异硫氰酸甲酯类广谱熏蒸杀线虫剂。易在土壤及其他基质中扩散,杀线虫作用全面而持久,并能与肥料混用。该药使用范围广,能防治多种线虫,不会在植物体内残留。对鱼有毒性,易污染地下水。药效受土壤温度、湿度及土壤结构影响甚大,为了保证获得良好的防效和避免产生药害,土壤温度应保持在6℃以上,以12℃～18℃最适宜,土壤的含水量保持在40%以上。该药剂可兼治土壤真菌、地下害虫及杂草。

【使用方法】　将98%～100%棉隆微粒剂按每公顷用药量75～90千克拌适量细土均匀撒施到土壤表面(或均匀沟施盖土),在土壤表面洒水,然后盖上塑料布,2周后揭膜。有条件的地方,也可在与土壤混匀后盖上塑料薄膜,进行滴灌。每公顷用40%可湿性粉剂15～22.5千克拌150～225千克细土,进行沟施或撒施,覆盖无病土,15天后播种;或用50%可湿性粉剂135克,加水45升浇灌,持效期4～10天,兼治地下害虫。

【注意事项】

①施药时,应使用橡胶手套和靴子等安全防护用具,避免皮肤直接接触药剂。

②贮存应密封于原包装中,并存放在阴凉、干燥的地方,不能与食品和饲料一起存放。

③该药剂对鱼有毒。

④注意避免药剂残留,减少药害。

(2)溴甲烷

【通用名称】　Methyl Bromide

【其他名称】　甲基溴、溴代甲烷

【毒　性】　高毒

【剂　型】　98%压缩气体

【特　点】　溴甲烷对土传有害生物具有高效、广谱的杀伤作用,具有杀虫、杀线虫、杀菌、杀螨、除草、灭鼠等多种功效。土壤穿透力强而且迅速,熏蒸与播种间隔时间短。对所有种类所有生长阶段的植物寄生性线虫、多年生杂草及大多数一年生杂草籽、地老虎及其他幼虫、蝼蛄、各种土生昆虫以及猝倒病、根黑腐、黑胫病等有较好的杀灭和防治作用。

【使用方法】　溴甲烷在密闭条件下使用效果较好,在熏蒸消毒土壤时,一般用塑料薄膜进行密封覆盖。该药渗透性受被熏蒸物表面、温度以及不同种类的害虫或同一种类不同生态等因素影响,使用剂量因环境变化而不同,一般使用剂量为每平方米32~50克。一般来说,温度越低,土壤越疏松,施用量越高,反之越低。同等剂量,温度越高,熏蒸消毒时间越短,熏蒸效果越好。熏蒸时间一般不超过3天,熏蒸后要揭膜散毒,为使散毒充分,可翻动土壤,散毒时间为4~7天。温度高时,散毒时间相对较短。遇到降雨,塑料膜不能完全揭去,可在熏蒸拱棚侧面开口,既可通风,又可防止雨水灌入影响散毒。

【注意事项】

①溴甲烷属高毒熏蒸剂,施药前要检查施药装置的密闭性是否完好。施药时,覆膜要严密,防止漏气,以保证药效并防止中毒。熏蒸一定时间后,要散气2天,在溴甲烷气散尽后,才能进行地面作业,以避免中毒。

②溴甲烷钢瓶或罐应贮存于干燥、阴凉和通风良好的仓库中,严防受热。搬运时应注意轻拿、轻放,防止剧烈震荡和日晒。

③溴甲烷能通过呼吸道和皮肤引起中毒,无针对性解毒

药,中毒者应立即离开现场,并对症治疗。预防措施是在熏蒸前每人服用 100 克糖。

(3)威百亩

【通用名称】 Metham

【其他名称】 维巴姆、保丰收、硫威钠

【毒　性】 低毒

【剂　型】 30%、33%、35%及 48%水溶液

【特　点】 属具有熏蒸作用的二硫代氨基甲酸酯类杀线虫剂。在土壤中降解成异硫氰酸甲酯发挥熏蒸作用,有药害,必须在土壤处理的药剂全部分解和消失以后才能播种。在潮湿土壤中,威百亩在 2 周内便可分解。该药剂兼有杀菌及除草功能。

【使用方法】 播前半个月开沟将药灌入,覆土压实,用量为每公顷 45～75 千克(32.7%水溶液),2 周后翻耕通气。

【注意事项】

①该药在稀溶液中易分解,使用时要随用随配。

②按照说明书使用方法施药,施药量及施药方式不当容易产生药害。

③不能与含钙的农药(如波尔多液、石硫合剂)混用。

4. 大豆种衣剂

【通用名称】 大豆种衣剂

【其他名称】 大豆包衣剂

【毒　性】 高毒

【剂　型】 8%甲多种衣剂,30%或 35%多克福种衣剂

【特　点】 该制剂为一种胶体物质,带有红色警戒色。其组成成分因生产厂家所面向的销售区不同大豆病、虫害种类而异。主要成分杀菌剂为福美双、多菌灵,杀虫剂为呋喃

丹。一般都含有微量元素,占有效成分总含量的3%～4%。有的厂家生产含有甲基硫环磷和多菌灵的大豆种衣剂,称为8%甲多种衣剂。

【使用方法】 大豆播种前进行种子包衣。用药量为种子量的1.5%～2%,有效成分高的种衣剂用低量,反之用量高。使用时,按所购产品标签上建议的用量使用。

包衣方法:大豆种皮易破裂,尚无适当的包衣机械,主要采用人工包衣方法。选用圆底大锅或其他圆底容器,按药剂和种子比例分别称好种子和药剂,先把种子放到容器内,然后边加药边搅拌,使药剂均匀地包在种子表面。搅拌动作要轻,防止破坏种皮。包好的豆种装到尼龙编织袋内备用。另一种简易包衣法采用"塑料袋串滚法":把种、药按比例称好,种、药依次装入塑料袋内,扎紧袋口,两人各拉一头串动数次即可。包好的种子同样装入尼龙编织袋内备用,均不需晾晒或烘干。

【注意事项】

①选用当地品质优良、品种纯度在96%以上、发芽率在95%以上、含水量在12%以下的大豆品种。

②种衣剂已是固定剂型,使用时不能加水或其他药剂和化肥,以免破坏剂型而影响药效,造成药害。

③称药前要将盛药桶(或瓶)充分摇动,使药液上下混合均匀,并立即称量。

④包衣和播种工作人员要穿戴防护服装,如工作服、手套、口罩和面罩等,以防中毒。

⑤包衣的种子不能再食用或饲用,要与种子等分开存放,以防人、畜中毒。

⑥种衣剂产品要专人保管,库房内温度要在0℃以上。

⑦按农药使用规则和包衣操作规程操作。本品为高毒农

药,若不小心触及应立即用碱水冲洗。解毒药剂一般用阿托品。

常用于大豆胞囊线虫的杀线虫剂见表4。

表4 常用于大豆胞囊线虫的杀线虫剂

类别		药剂名称	剂型	每公顷用药量（有效成分千克数）	兼治对象
熏蒸剂		溴甲烷	压缩气体	100～500	土壤真菌、地下害虫及杂草
		棉隆	颗粒剂	75～90	
		威百亩	水溶液	15～25	
非熏蒸剂	有机磷类	益舒宝	颗粒剂	4～5	鳞翅目、鞘翅目、双翅目地下害虫
		克线磷	颗粒剂	3～6	粉虱、蓟马
	氨基甲酸酯类	涕灭威	颗粒剂	1.5～2.2	蚜虫、螨类、蓟马
		克百威	颗粒剂	3.5～4.5	蚜虫、豆秆潜蝇
种衣剂		大豆种衣剂	种衣剂	一般为种子量的1.5%～2%	地下害虫

附录一 抗大豆胞囊线虫不同生理小种大豆品种目录

编号	抵抗生理小种类型	品种	全国总编号	生育日数	粒色	子叶色	粒形
1	1号	蒙81104	ZDD11461	106	黑	黄	长椭
2		PI89722	WDD996	141	黑	黄	扁圆
3		黑豆(2973)	ZDD2973	103	黑	黄	扁椭
4		小白黑豆	ZDD1884	96	黑	黄	长椭
5		四角脐黑豆	ZDD08505	104	黑	黄	扁椭
6		小白花黑豆	ZDD01889	92	黑	黄	长椭
7		连毛会黑豆	ZDD1417	131	黑	黄	肾状
8		黑豆(1922)	ZDD1922	94	黑	黄	长椭
9		平顶黑豆	ZDD9299	134	黑	黄	扁椭
10		黑豆(9428)	ZDD09428	155	黑	黄	扁椭
11		黑豆(8493)	ZDD08493	107	黑	黄	肾状
12		八月忙	ZDD08511	102	黑	黄	扁椭
13		大屯小黑豆	ZDD08250	129	黑	黄	长椭
14		黑豆(8483)	ZDD08483	107	黑	黄	肾状
15		黑豆(1897)	ZDD1897	89	黑	黄	长椭
16		PI90763					
17		Peking	WDD467	149	黑	黄	扁椭
18		哈尔滨小黑豆	ZDD07170	127	黑	黄	椭圆
19		黑豆(1909)	ZDD1909	93	黑	黄	长椭

续附录一

编号	抵抗生理小种类型	品种	全国总编号	生育日数	粒色	子叶色	粒形
20		茶豆	ZDD10058	110	褐	黄	扁椭
21		引蔓子黑豆	ZDD2447	148	黑	黄	肾状
22		二黑豆	ZDD9462	150	黑	黄	长椭
23		爬蔓黑豆	ZDD10039	112	黑	黄	扁椭
24		黑荚糙	ZDD9452	129	黑	黄	椭圆
25		黑豆(1858)	ZDD1858	89	黑	黄	扁椭
26		小黑豆	ZDD8489	99	黑	黄	扁椭
27		牛屎黄黑豆	ZDD1881	99	黑	黄	长椭
28		平顶山	ZDD2344	142	黑	黄	长椭
29		黑豆(9592)	ZDD09592	158	黑	黄	圆
30		薄地翠黑豆	ZDD1818	95	黑	黄	长椭
31	1号	五寨黑豆	ZDD2255	142	黑	黄	肾状
32		PI437654	WDD643	148	黑	黄	肾状
33		黑豆(8498)	ZDD08498	107	黑	黄	肾状
34		灰皮支黑豆	ZDD2315	151	黑	黄	椭圆
35		许庄大黑豆	ZDD08257	144	黑	黄	长椭
36		大黑豆	ZDD08488	105	黑	黄	扁椭
37		黑豆(1910)	ZDD1910	93	黑	黄	圆
38		平顶黄黑豆	ZDD1890	93	黑	黄	长椭
39		黑小豆	ZDD07910	131	黑	黄	扁椭
40		良乡黑豆	ZDD1520	140	黑	黄	扁椭
41		密云黑豆	ZDD1521	138	黑	黄	扁椭
42		5360	5360	115	深褐	黄	扁椭

续附录一

编号	抵抗生理小种类型	品种	全国总编号	生育日数	粒色	子叶色	粒形
43	1号	延庆大黑豆	ZDD1519	136	黑	黄	扁椭
44		黑豆(10253)	ZDD10253	151	黑	黄	长椭
45		落叶黑豆	ZDD09226	110	黑	黄	长椭
46		黑滚豆	ZDD09301	155	黑	黄	椭圆
47		乐亭小黑豆	ZDD1855	96	黑	黄	椭圆
48		应县小黑豆	ZDD2226	130	黑	黄	肾状
49		宁陵平顶青	ZDD3331	111	绿	黄	椭圆
50		顺义黑豆	ZDD1522	138	黑	黄	扁椭
51		Pickett	WDD1643	128	黄	黄	椭圆
52		黑豆(9343)	ZDD09343	158	黑	黄	长椭
53		磨黑豆	ZDD07748	125	褐	黄	长椭
54		小颗黑	ZDD2450	148	黑	黄	扁椭
55		小粒黑豆(8459)	ZDD1412	136	黑	黄	肾状
56		长粒黑豆	ZDD1400	149	黑	黄	扁椭
57	2号	蒙81104	ZDD11461	106	黑	黄	长椭
58		PI89722	WDD996	141	黑	黄	扁圆
59		黑豆(2973)	ZDD2973	103	黑	黄	扁椭
60		商丘滚龙珠	ZDD3458	101	黑	黄	长椭
61		菜黄豆	ZDD09292	120	黑	黄	肾状
62		小粒黑	ZDD1399	149	乌黑	黄	扁椭
63		小白花黑豆	ZDD1889	92	黑	黄	长椭
64		连毛会黑豆	ZDD1417	131	黑	黄	肾状
65		黑豆(1922)	ZDD1922	94	黑	黄	长椭

续附录一

编号	抵抗生理小种类型	品种	全国总编号	生育日数	粒色	子叶色	粒形
66		平顶黑豆	ZDD09299	134	黑	黄	扁椭
67		黑豆(8493)	ZDD08493	107	黑	黄	肾状
68		八月忙	ZDD08511	102	黑	黄	扁椭
69		大屯小黑豆	ZDD08250	129	黑	黄	长椭
70		黑豆(8483)	ZDD08483	107	黑	黄	肾状
71		黑豆(1897)	ZDD1897	89	黑	黄	长椭
72	2号	PI90763					
73		黑豆(9428)	ZDD09428	155	黑	黄	扁椭
74		五寨黑豆	ZDD2255	142	黑	黄	肾状
75		PI437654	WDD643	148	黑	黄	肾状
76		平顶山	ZDD2344	142	黑	黄	长椭
77		黑豆(8498)	ZDD08498	107	黑	黄	肾状
78		灰皮支黑豆	ZDD2315	151	黑	黄	椭圆
79		蒙81104	ZDD11461	106	黑	黄	长椭
80		PI89722	WDD996	141	黑	黄	扁圆
81		黑豆(2973)	ZDD2973	103	黑	黄	扁椭
82		商丘滚龙珠	ZDD3458	101	黑	黄	长椭
83		菜黄豆	ZDD09292	120	黑	黄	肾状
84	3号	小粒黑	ZDD1399	149	乌黑	黄	扁椭
85		小白黑豆	ZDD1884	96	黑	黄	长椭
86		四角脐黑豆	ZDD00505	104	黑	黄	扁椭
97		小白花黑豆	ZDD1889	92	黑	黄	长椭
88		连毛会黑豆	ZDD1417	131	黑	黄	肾状

续附录一

编号	抵抗生理小种类型	品种	全国总编号	生育日数	粒色	子叶色	粒形
89		黑豆(1922)	ZDD1922	94	黑	黄	长椭
90		平顶黑豆	ZDD09299	134	黑	黄	扁椭
91		黑豆(9428)	ZDD09428	155	黑	黄	扁椭
92		黑豆(8493)	ZDD08493	107	黑	黄	肾状
93		八月忙	ZDD08511	102	黑	黄	扁椭
94		大屯小黑豆	ZDD08250	129	黑	黄	长椭
95		薄地犟黑豆	ZDD1818	95	黑	黄	长椭
96		五寨黑豆	ZDD2255	142	黑	黄	肾状
97		PI437654	WDD643	148	黑	黄	肾状
98		平顶山	ZDD2344	142	黑	黄	长椭
99		黑豆(8498)	ZDD08498	107	黑	黄	肾状
100	3号	灰皮支黑豆	ZDD2315	151	黑	黄	椭圆
101		许庄大黑豆	ZDD08257	144	黑	黄	长椭
102		大黑豆	ZDD08488	105	黑	黄	扁椭
103		黑豆(1910)	ZDD1910	93	黑	黄	圆
104		平顶黄黑豆	ZDD1890	93	黑	黄	长椭
105		黑小豆	ZDD07910	131	黑	黄	扁椭
106		良乡黑豆	ZDD1520	140	黑	黄	扁椭
107		密云黑豆	ZDD1521	138	黑	黄	扁椭
108		蒙8206	ZDD11436	114	淡黄	黄	扁圆
109		硷黑豆	ZDD10263	145	黑	黄	扁椭
110		山阴大黑豆	ZDD2308	140	黑	黄	椭圆
111		黑豆(8483)	ZDD08483	107	黑	黄	肾状

续附录一

编号	抵抗生理小种类型	品种	全国总编号	生育日数	粒色	子叶色	粒形
112		黑豆(1897)	ZDD1897	89	黑	黄	长椭
113		PI90763					
114		Peking	WDD467	149	黑	黄	扁椭
115		哈尔滨小黑豆	ZDD07170	127	黑	黄	椭圆
116		黑豆(1909)	ZDD1909	93	黑	黄	长椭
117		茶豆	ZDD10058	110	褐	黄	扁椭
118		引蔓子黑豆	ZDD2447	148	黑	黄	肾状
119		二黑豆	ZDD09462	150	黑	黄	长椭
120		爬蔓黑豆	ZDD10039	112	黑	黄	扁椭
121		黑荚糙	ZDD09452	129	黑	黄	椭圆
122		黑豆(1858)	ZDD1858	89	黑	黄	扁椭
123	3号	牛屎黄黑豆	ZDD1881	99	黑	黄	长椭
124		小黑豆	ZDD08489	99	黑	黄	扁椭
125		黑豆(9592)	ZDD09592	158	黑	黄	圆
126		黑豆(1898)	ZDD1898	93	黑	黄	长椭
127		平顶小黑豆	ZDD2341	147	黑	黄	扁椭
128		黑豆(8460)	ZDD08460	105	黑	黄	扁椭
129		小粒黑豆(1412)	ZDD1412	135	黑	黄	肾状
130		延庆大黑豆	ZDD1519	136	黑	黄	扁椭
131		PI88788	WDD995	137	黄	黄	椭圆
132		黑豆(10253)	ZDD10253	151	黑	黄	长椭
133		落叶黑豆	ZDD09226	110	黑	黄	长椭
134		黑滚豆	ZDD09301	155	黑	黄	椭圆

续附录一

编号	抵抗生理小种类型	品种	全国总编号	生育日数	粒色	子叶色	粒形
135	3号	乐亭小黑豆	ZDD1855	96	黑	黄	椭圆
136		应县小黑豆	ZDD2226	130	黑	黄	肾状
137		宁陵平顶青	ZDD3331	111	绿	黄	椭圆
138		顺义黑豆	ZDD1522	138	黑	黄	扁椭
139		Pickett	WDD1643	128	黄	黄	椭圆
140		黑豆(9343)	ZDD09343	158	黑	黄	长椭
141	4号	五寨黑豆	ZDD2255	142	黑	黄	肾状
142		PI437654	WDD643	148	黑	黄	肾状
143		平顶山	ZDD2344	142	黑	黄	长椭
144		黑豆(8498)	ZDD08498	107	黑	黄	肾状
145		灰皮支黑豆	ZDD2315	151	黑	黄	椭圆
146		许庄大黑豆	ZDD08257	144	黑	黄	长椭
147		大黑豆	ZDD08488	105	黑	黄	扁椭
148		黑豆(1910)	ZDD1910	93	黑	黄	圆
149		平顶黄黑豆	ZDD1890	93	黑	黄	长椭
150		黑小豆	ZDD07910	131	黑	黄	扁椭
151		良乡黑豆	ZDD1520	140	黑	黄	扁椭
152		密云黑豆	ZDD1521	138	黑	黄	扁椭
153		5360	5360	115	深褐	黄	扁椭
154		山阴大黑豆	ZDD2308	140	黑	黄	椭圆
155		黑豆(1898)	ZDD1898	93	黑	黄	长椭
156		平顶小黑豆	ZDD2341	147	黑	黄	扁椭
157		小粒黑豆(1412)	ZDD1412	135	黑	黄	肾状

续附录一

编号	抵抗生理小种类型	品种	全国总编号	生育日数	粒色	子叶色	粒形
158		黑豆(10253)	ZDD10253	151	黑	黄	长椭
159		落叶黑豆	ZDD09226	110	黑	黄	长椭
160	4号	黑滚豆	ZDD09301	155	黑	黄	椭圆
161		乐亭小黑豆	ZZDD1855	96	黑	黄	椭圆
162		应县小黑豆	ZDD2226	130	黑	黄	肾状
163		宁陵平顶青	ZDD3331	111	绿	黄	椭圆
164		小粒黑	ZDD1399	149	乌黑	黄	扁椭
165		小白黑豆	ZDD1884	96	黑	黄	长椭
166		四角脐黑豆	ZDD08505	104	黑	黄	扁椭
167		小白花黑豆	ZDD1889	92	黑	黄	长椭
168		连毛会黑豆	ZDD1417	131	黑	黄	肾状
169		平顶黑豆	ZDD09299	94	黑	黄	长椭
170		黑豆(1922)	ZDD1922	134	黑	黄	扁椭
171		黑豆(9428)	ZDD09428	155	黑	黄	扁椭
172	5号	黑豆(8493)	ZDD08493	107	黑	黄	肾状
173		八月忙	ZDD08511	102	黑	黄	扁椭
174		大屯小黑豆	ZDD08250	129	黑	黄	长椭
175		黑豆(8483)	ZDD08483	107	黑	黄	肾状
176		黑豆(1897)	ZDD1897	89	黑	黄	长椭
177		PI90763					
178		Peking	WDD467	149	黑	黄	扁椭
179		哈尔滨小黑豆	ZDD07170	127	黑	黄	椭圆
180		黑豆(1909)	ZDD1909	93	黑	黄	长椭

续附录一

编号	抵抗生理小种类型	品种	全国总编号	生育日数	粒色	子叶色	粒形
181		茶豆	ZDD10058	110	褐	黄	扁椭
182		引蔓子黑豆	ZDD2447	148	黑	黄	肾状
183		二黑豆	ZDD09462	150	黑	黄	长椭
184		爬蔓黑豆	ZDD10039	112	黑	黄	扁椭
185		黑荚糙	ZDD09452	129	黑	黄	椭圆
186		黑豆(1858)	ZDD1858	89	黑	黄	扁椭
187		牛屎黄黑豆	ZDD1881	99	黑	黄	长椭
188		小黑豆	ZDD08489	99	黑	黄	扁椭
189		黑豆(9592)	ZDD09592	158	黑	黄	圆
190		薄地犟黑豆	ZDD1818	95	黑	黄	长椭
191		五寨黑豆	ZDD2255	142	黑	黄	肾状
192	5号	PI437654	WDD643	148	黑	黄	肾状
193		平顶山	ZDD2344	142	黑	黄	长椭
194		黑豆(8498)	ZDD08498	107	黑	黄	肾状
195		灰皮支黑豆	ZDD2315	151	黑	黄	椭圆
196		许庄大黑豆	ZDD08257	144	黑	黄	长椭
197		大黑豆	ZDD08488	105	黑	黄	扁椭
198		黑豆(1910)	ZDD1910	93	黑	黄	圆
199		平顶黄黑豆	ZDD1890	93	黑	黄	长椭
200		黑小豆	ZDD07910	131	黑	黄	扁椭
201		良乡黑豆	ZDD1520	140	黑	黄	扁椭
202		密云黑豆	ZDD1521	138	黑	黄	扁椭
203		5360	5360	115	深褐	黄	扁椭

续附录一

编号	抵抗生理小种类型	品种	全国总编号	生育日数	粒色	子叶色	粒形
204		蒙8206	ZDD11436	114	淡黄	黄	扁圆
205	5号	硵黑豆	ZDD10263	145	黑	黄	扁椭
206		山阴大黑豆	ZDD2308	140	黑	黄	椭圆
207		蒙81104	ZDD11461	106	黑	黄	长椭
208		PI89722	WDD996	141	黑	黄	扁圆
209		黑豆(2973)	ZDDD2973	103	黑	黄	扁椭
210		商丘滚龙珠	ZDD3458	101	黑	黄	长椭
211		菜黄豆	ZDD09292	120	黑	黄	肾状
212		小粒黑	ZDD1399	149	乌黑	黄	扁椭
213		小白黑豆	ZDD1884	96	黑	黄	长椭
214		四角脐黑豆	ZDD08505	104	黑	黄	扁椭
215		小白花黑豆	ZDD1889	92	黑	黄	长椭
216	7号	连毛会黑豆	ZDD1417	131	黑	黄	肾状
217		黑豆(1922)	ZDD1922	94	黑	黄	长椭
218		平顶黑豆	ZDD09299	134	黑	黄	扁椭
219		黑豆(9428)	ZDD09428	155	黑	黄	扁椭
220		五寨黑豆	ZDD2255	142	黑	黄	肾状
221		PI437654	WDD643	148	黑	黄	肾状
222		平顶山	ZDD2344	142	黑	黄	长椭
223		黑豆(8498)	ZDD08498	107	黑	黄	肾状
224		灰皮支黑豆	ZDD2315	151	黑	黄	椭圆
225		许庄大黑豆	ZDD08257	144	黑	黄	长椭
226		大黑豆	ZDD08488	105	黑	黄	扁椭

续附录一

编号	抵抗生理小种类型	品种	全国总编号	生育日数	粒色	子叶色	粒形
227		黑豆(1910)	ZDD1910	93	黑	黄	圆
228		平顶黄黑豆	ZDD1890	93	黑	黄	长椭
229		黑小豆	ZDD07910	131	黑	黄	扁椭
230		良乡黑豆	ZDD1520	140	黑	黄	扁椭
231		密云黑豆	ZDD1521	138	黑	黄	扁椭
232		5360	5360	115	深褐	黄	扁椭
233		蒙8206	ZDD11436	114	淡黄	黄	扁圆
234		硷黑豆	ZDD10263	145	黑	黄	扁椭
235		山阴大黑豆	ZDD2308	140	黑	黄	椭圆
236		黑豆(8493)	ZDD08493	107	黑	黄	肾状
237		八月忙	ZDD08511	102	黑	黄	扁椭
238	7号	大屯小黑豆	ZDD08250	129	黑	黄	长椭
239		黑豆(8483)	ZDD08483	107	黑	黄	肾状
240		黑豆(1897)	ZDD1897	89	黑	黄	长椭
241		Peking	WDD467	149	黑	黄	扁椭
242		哈尔滨小黑豆	ZDD07170	127	黑	黄	椭圆
243		黑豆(1909)	ZDD1909	93	黑	黄	长椭
244		茶豆	ZDD10058	110	褐	黄	扁椭
245		引蔓子黑豆	ZDD2447	148	黑	黄	肾状
246		二黑豆	ZDD09462	150	黑	黄	长椭
247		爬蔓黑豆	ZDD10039	112	黑	黄	扁椭
248		黑荚糙	ZDD09452	129	黑	黄	椭圆
249		黑豆(1858)	ZDD1858	89	黑	黄	扁椭

续附录一

编号	抵抗生理小种类型	品种	全国总编号	生育日数	粒色	子叶色	粒形
250		牛屎黄黑豆	ZDD1881	99	黑	黄	长椭
251		小黑豆	ZDD08489	99	黑	黄	扁椭
252		黑豆(9592)	ZDD09592	158	黑	黄	圆
253		薄地犟黑豆	ZDD1818	95	黑	黄	长椭
254		黑豆(1898)	ZDD1898	93	黑	黄	长椭
255		平顶小黑豆	ZDD2341	147	黑	黄	扁椭
256		落叶黑豆	ZDD09226	110	黑	黄	长椭
257		黑豆(8460)	ZDD08460	105	黑	黄	扁椭
258		黑滚豆	ZDD09301	155	黑	黄	椭圆
259	7号	乐亭小黑豆	ZDD1855	96	黑	黄	椭圆
260		应县小黑豆	ZDD2226	130	黑	黄	肾状
261		宁陵平顶青	ZDD3331	111	绿	黄	椭圆
262		顺义黑豆	ZDD1522	138	黑	黄	扁椭
263		Pickett	WDD1643	128	黄	黄	椭圆
264		黑豆(9343)	ZDD09343	158	黑	黄	长椭
265		磨石豆	ZDD07748	125	褐	黄	长椭
266		小颗黑	ZDD2450	148	黑	黄	扁椭
267		小粒黑豆(8459)	ZDD08459	136	黑	黄	肾状
268		长粒黑豆	ZDD1400	149	黑	黄	扁椭
269		灰皮支黑豆	ZDD1417	151	黑	黄	椭圆
270		延庆人黑豆	ZDD1519	136	黑	黄	扁椭
271	14号	PI88788	WDD995	137	黄	黄	椭圆
272		黑豆(10253)	ZDD10253	151	黑	黄	长椭
273		小粒黑豆(8459)	ZDD08459	136	黑	黄	肾状

附录二 常见杀线虫剂中英文名录

中文名	英文名
1,3-D	Telone
1.3-D 和甲基异硫氰混剂	Vorlex
1.3-D 和氯化苦混剂	Telone C-17
D-D 混剂	Vidden-D
爱福丁(齐螨素,杀虫菌素,阿维杀菌素,阿凡曼菌素)	Avermectins
百强(杀线威)	Vydate, Oxamyl
苯线磷(克线磷,灭线磷,苯胺磷,力满库)	Fenamisiphos, Nemacur
必速灭(棉隆)	Dazomet, Mylone
二溴乙烷和氯化苦混剂	EDB
丰索磷	Dasanit
呋喃丹(克百威)	Carbofuran, Furandan
呋线威	Furathiocarb
甲基异硫氰酸酯	Mit
克线丹	Sebufos, Rugby
氯化苦	Chlor-o-pic
米乐尔	Miral, Isazofos
灭多威	Methomyl
三溴氯丙烷	DBCP
三溴乙烷	Dowfume W-85, Soilbrom 90
泰隆	Vorlex

续附录二

中 文 名	英 文 名
特丁磷	Counter
涕灭威(铁灭克)	Aldicarb, Timek
威百亩(维巴姆)	Methamsodium, Vapam
溴甲烷	Methyl Bromide
益舒宝(丙线磷,灭线磷)	Mocap, Ethoprophos

参考文献

1 林玉锁等.农药与生态环境保护.北京:化学工业出版社,2000

2 刘维志.植物线虫学研究技术.沈阳:辽宁科学技术出版社,1995

3 马奇祥.常用农药使用简明手册.北京:中国农业出版社,2001

4 王明祖.中国植物线虫研究.武汉:湖北科学技术出版社,1998

5 许泳峰.实用农药技术.沈阳:辽宁民族出版社,2000

6 周继汤.新编农药使用手册.哈尔滨:黑龙江科学技术出版社,1999

7 朱启贵.可持续发展评估.上海:上海财经大学出版社,1999

8 李天飞等.食线虫菌物分类学.北京:中国科学技术出版社,2000

9 Cook, R. J., Bruckart, W. L., Coulson, J. R. et al. Safety of microorganisms for pest and plant disease control: a framework for scientific evaluation. Biological Control. 1996,7:333—351

10 Roberts, P. A. The future of Nematology:Integration of and improved management strategies. Journal of Nematology. 1993,25(3):383—394

11 Roberts, P. A. Current status of the availability, de-

velopment, and use of host plant resistance to nematodes. Journal of Nematology. 1992,24(2):213—227

12　Stirling, G. A. Biological control of plant parasitic nematodes. C. A. B. International, Wallingford. 1991

13　Whitehead, A. G. Plant Nematodes Control. The University Press, Cambridge. 1997

**金盾版图书,科学实用,
通俗易懂,物美价廉,欢迎选购**

小麦水稻高粱施肥技术	4.00元
黑豆种植与加工利用	8.50元
怎样提高大豆种植效益	8.00元
大豆栽培与病虫害防治	5.00元
大豆栽培与病虫害防治(修订版)	6.50元
大豆花生良种引种指导	10.00元
大豆病虫害诊断与防治原色图谱	12.50元
大豆病虫草害防治技术	5.50元
绿豆小豆栽培技术	1.50元
豌豆优良品种与栽培技术	4.00元
蚕豆豌豆高产栽培	5.20元
甘薯栽培技术	4.00元
甘薯栽培技术(修订版)	4.00元
花生高产种植新技术	7.00元
花生高产栽培技术	3.50元
花生病虫草鼠害综合防治新技术	9.50元
优质油菜高产栽培与利用	3.00元
双低油菜新品种与栽培技术	9.00元
油菜芝麻良种引种指导	5.00元
芝麻高产技术(修订版)	3.50元
黑芝麻种植与加工利用	8.00元
花生大豆油菜芝麻施肥技术	4.50元
花生芝麻加工技术	4.80元
蓖麻高产栽培技术	2.20元
蓖麻栽培及病虫害防治	7.50元
蓖麻向日葵胡麻施肥技术	2.50元
棉花高产优质栽培技术(修订版)	6.00元
棉花高产优质栽培技术(第二次修订版)	7.50元
棉铃虫综合防治	4.90元
棉花虫害防治新技术	4.00元
棉花病虫害诊断与防治原色图谱	19.50元
图说棉花无土育苗无载体裸苗移栽关键技术	10.00元
抗虫棉栽培管理技术	4.00元
怎样种好Bt抗虫棉	4.50元
棉花病害防治新技术	4.00元
棉花病虫害防治实用技术	4.00元
棉花规范化高产栽培技	

术	11.00元
棉花良种繁育与成苗技术	3.00元
棉花良种引种指导	10.00元
棉花育苗移栽技术	5.00元
棉花红麻施肥技术	4.00元
麻类作物栽培	2.90元
葛的栽培与葛根的加工利用	11.00元
甘蔗栽培技术	4.00元
甜菜甘蔗施肥技术	3.00元
烤烟栽培技术	9.00元
药烟栽培技术	7.50元
烟草施肥技术	5.00元
烟草病虫害防治手册	11.00元
烟草病虫草害防治彩色图解	19.00元
米粉条生产技术	6.50元
粮食实用加工技术	7.50元
植物油脂加工实用技术	15.00元
橄榄油及油橄榄栽培技术	7.00元
甘薯综合加工新技术	5.50元
发酵食品加工技术	5.50元
农家小曲酒酿造实用技术	6.00元
蔬菜加工实用技术	6.00元
蔬菜加工技术问答	4.00元
蔬菜热风与冷冻脱水技术	6.00元
环保型商品蔬菜生产技术	12.00元
水产品实用加工技术	8.00元
果品加工技术问答	4.50元
果品实用加工技术	5.80元
禽肉蛋实用加工技术	4.50元
乳蛋制品加工技术	8.50元
蜂胶蜂花粉加工技术	7.50元
城郊农村如何发展食用菌业	6.50元
食用菌周年生产技术	7.50元
食用菌周年生产技术(修订版)	7.00元
食用菌制种技术	6.00元
食用菌实用加工技术	6.50元
食用菌栽培与加工(第二版)	4.80元
食用菌丰产增收疑难问题解答	9.00元
怎样提高蘑菇种植效益	7.50元
怎样提高香菇种植效益	10.00元
灵芝与猴头菇高产栽培技术	3.00元
金针菇高产栽培技术	3.20元
平菇高产栽培技术	4.00元
平菇高产栽培技术(修订版)	6.00元
草菇高产栽培技术	3.00元
香菇速生高产栽培新技术(第二版)	7.80元

香菇速生高产栽培新技术(第二次修订版)	10.00元
中国香菇栽培新技术	9.00元
花菇高产优质栽培及贮藏加工	6.50元
竹荪平菇金针菇猴头菌栽培技术问答(修订版)	7.50元
珍稀食用菌高产栽培	4.00元
珍稀菇菌栽培与加工	20.00元
草生菇栽培技术	6.50元
茶树菇栽培技术	10.00元
白色双孢蘑菇栽培技术	6.50元
白灵菇人工栽培与加工	6.00元
杏鲍菇栽培与加工	6.00元
鸡腿菇高产栽培技术	7.00元
姬松茸栽培技术	6.50元
金耳人工栽培技术	8.00元
黑木耳与银耳代料栽培速生高产新技术	5.50元
黑木耳与毛木耳高产栽培技术	2.90元
中国黑木耳银耳代料栽培与加工	17.00元
食用菌病虫害防治	6.00元
食用菌科学栽培指南	26.00元
食用菌栽培手册	15.00元
食用菌高效栽培教材	5.00元
图说鸡腿蘑高效栽培关键技术	10.50元
图说毛木耳高效栽培关键技术	10.50元
图说金针菇高效栽培关键技术	8.50元
图说食用菌制种关键技术	9.00元
图说灵芝高效栽培关键技术	10.50元
图说香菇花菇高效栽培关键技术	10.00元
新编食用菌病虫害防治技术	5.50元
地下害虫防治	6.50元
怎样种好菜园(新编北方本修订版)	14.50元
怎样种好菜园(南方本第二次修订版)	8.50元
图说蔬菜嫁接育苗技术	14.00元
蔬菜生产手册	11.50元
蔬菜栽培实用技术	20.50元
蔬菜生产实用新技术	17.00元
蔬菜嫁接栽培实用技术	8.50元
城郊农村如何发展蔬菜业	6.50元

以上图书由全国各地新华书店经销。凡向本社邮购图书者,另加10％邮挂费。书价如有变动,多退少补。邮购地址:北京市丰台区晓月中路29号院金盾出版社邮购部,联系人:徐玉珏,邮政编码:100072,电话:(010)83210682,传真:(010)83219217。